U0063074

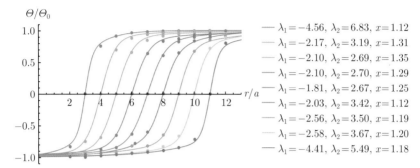

图 3.2   格点 QCD 模拟混合角 Θ/Θ_0 作为 r/a 的函数

注：其中，不同颜色的曲线从左到右依次对应 $r_m/a = 3, 4, \cdots, 11$ 的情况 [86]。缩放的参数为 $\Theta_0 = \arctan(1/\sqrt{2})$ 和 $a = 0.069$ fm。曲线是使用等式（3.15）的拟合结果，不同颜色曲线对应不同的拟合参数值 λ_1、λ_2 和 x。

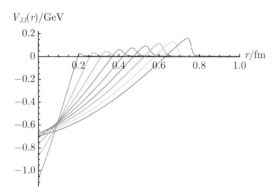

图 3.3   计算所得 J/ψ-J/ψ 双介子分子态间的相互作用势

注：9 条曲线分别对应于图 3.2中使用的不同介子大小 $r_m/a = 3, 4, \cdots, 11$ 的结果（从左到右）。

清华大学优秀博士学位论文丛书

量子色动力学物质中的重味夸克

黄国俊 （Huang Guojun） 著

Heavy Flavor Quarks
in the Quantum Chromodynamics Matters

清华大学出版社
北京

内 容 简 介

本书旨在研究量子色动力学物质中的夸克物质。包括研究非相对论量子色动力学理论和胶子传播子的重求和理论，并由此引入了重味夸克之间的相互作用势模型。利用重味夸克之间的单胶子交换模型，可以修正由格点场论得到的夸克-反夸克之间的康奈尔势，计算重味四夸克态内部的双介子分子态间的势能，结果显示其在距离较远时为排斥势，当距离减少到一定值时为吸引势，可以形成束缚态。在考虑夸克物质的密度后，得到了在任意温度和化学势时的胶子自能；在考虑存在均匀常数外磁场后，本书逐阶验证了弱场展开的沃德恒等式，并研究了最低朗道能级近似在沃德恒等式中存在的问题，为后续研究均匀常数外磁场中的热密夸克物质的德拜屏蔽质量奠定了基础。

本书可作为量子色动力学相关领域研究人员的参考用书。

图书在版编目（CIP）数据

量子色动力学物质中的重味夸克 / 黄国俊著. —北京：清华大学出版社，2023.12
（清华大学优秀博士学位论文丛书）
ISBN 978-7-302-65043-0

Ⅰ．①量…　Ⅱ．①黄…　Ⅲ．①量子色动力学-研究　②夸克-研究　Ⅳ．①O572.24
②O572.33

中国国家版本馆 CIP 数据核字（2023）第 244786 号

责任编辑：戚　亚
封面设计：傅瑞学
责任校对：赵丽敏
责任印制：刘海龙

出版发行：清华大学出版社
　　　　　网　　　址：https://www.tup.com.cn, https://www.wqxuetang.com
　　　　　地　　　址：北京清华大学学研大厦 A 座　　　　邮　　编：100084
　　　　　社 总 机：010-83470000　　　　　　　　　　邮　　购：010-62786544
　　　　　投稿与读者服务：010-62776969, c-service@tup.tsinghua.edu.cn
　　　　　质量反馈：010-62772015, zhiliang@tup.tsinghua.edu.cn
印 装 者：三河市东方印刷有限公司
经　　销：全国新华书店
开　　本：155mm×235mm　　　印　张：6.25　　插　页：1　　字　数：104 千字
版　　次：2023 年 12 月第 1 版　　　　　印　次：2023 年 12 月第 1 次印刷
定　　价：69.00 元

产品编号：102235-01

一流博士生教育
体现一流大学人才培养的高度（代丛书序）

　　人才培养是大学的根本任务。只有培养出一流人才的高校，才能够成为世界一流大学。本科教育是培养一流人才最重要的基础，是一流大学的底色，体现了学校的传统和特色。博士生教育是学历教育的最高层次，体现出一所大学人才培养的高度，代表着一个国家的人才培养水平。清华大学正在全面推进综合改革，深化教育教学改革，探索建立完善的博士生选拔培养机制，不断提升博士生培养质量。

学术精神的培养是博士生教育的根本

　　学术精神是大学精神的重要组成部分，是学者与学术群体在学术活动中坚守的价值准则。大学对学术精神的追求，反映了一所大学对学术的重视、对真理的热爱和对功利性目标的摒弃。博士生教育要培养有志于追求学术的人，其根本在于学术精神的培养。

　　无论古今中外，博士这一称号都和学问、学术紧密联系在一起，和知识探索密切相关。我国的博士一词起源于 2000 多年前的战国时期，是一种学官名。博士任职者负责保管文献档案、编撰著述，须知识渊博并负有传授学问的职责。东汉学者应劭在《汉官仪》中写道："博者，通博古今；士者，辩于然否。"后来，人们逐渐把精通某种职业的专门人才称为博士。博士作为一种学位，最早产生于 12 世纪，最初它是加入教师行会的一种资格证书。19 世纪初，德国柏林大学成立，其哲学院取代了以往神学院在大学中的地位，在大学发展的历史上首次产生了由哲学院授予的哲学博士学位，并赋予了哲学博士深层次的教育内涵，即推崇学术自由、创造新知识。哲学博士的设立标志着现代博士生教育的开端，博士则被定义为

本文首发于《光明日报》，2017 年 12 月 5 日。

独立从事学术研究、具备创造新知识能力的人，是学术精神的传承者和光大者。

博士生学习期间是培养学术精神最重要的阶段。博士生需要接受严谨的学术训练，开展深入的学术研究，并通过发表学术论文、参与学术活动及博士论文答辩等环节，证明自身的学术能力。更重要的是，博士生要培养学术志趣，把对学术的热爱融入生命之中，把捍卫真理作为毕生的追求。博士生更要学会如何面对干扰和诱惑，远离功利，保持安静、从容的心态。学术精神，特别是其中所蕴含的科学理性精神、学术奉献精神，不仅对博士生未来的学术事业至关重要，对博士生一生的发展都大有裨益。

独创性和批判性思维是博士生最重要的素质

博士生需要具备很多素质，包括逻辑推理、言语表达、沟通协作等，但是最重要的素质是独创性和批判性思维。

学术重视传承，但更看重突破和创新。博士生作为学术事业的后备力量，要立志于追求独创性。独创意味着独立和创造，没有独立精神，往往很难产生创造性的成果。1929 年 6 月 3 日，在清华大学国学院导师王国维逝世二周年之际，国学院师生为纪念这位杰出的学者，募款修造"海宁王静安先生纪念碑"，同为国学院导师的陈寅恪先生撰写了碑铭，其中写道："先生之著述，或有时而不章；先生之学说，或有时而可商；惟此独立之精神，自由之思想，历千万祀，与天壤而同久，共三光而永光。"这是对于一位学者的极高评价。中国著名的史学家、文学家司马迁所讲的"究天人之际，通古今之变，成一家之言"也是强调要在古今贯通中形成自己独立的见解，并努力达到新的高度。博士生应该以"独立之精神、自由之思想"来要求自己，不断创造新的学术成果。

诺贝尔物理学奖获得者杨振宁先生曾在 20 世纪 80 年代初对到访纽约州立大学石溪分校的 90 多名中国学生、学者提出："独创性是科学工作者最重要的素质。"杨先生主张做研究的人一定要有独创的精神、独到的见解和独立研究的能力。在科技如此发达的今天，学术上的独创性变得越来越难，也愈加珍贵和重要。博士生要树立敢为天下先的志向，在独创性上下功夫，勇于挑战最前沿的科学问题。

批判性思维是一种遵循逻辑规则、不断质疑和反省的思维方式，具有批判性思维的人勇于挑战自己，敢于挑战权威。批判性思维的缺乏往往被认为是中国学生特有的弱项，也是我们在博士生培养方面存在的一个普遍问题。2001 年，美国卡内基基金会开展了一项"卡内基博士生教育创新计划"，针对博士生教育进行调研，并发布了研究报告。该报告指出：在美国和欧洲，培养学生保持批判而质疑的眼光看待自己、同行和导师的观点同样非常不容易，批判性思维的培养必须成为博士生培养项目的组成部分。

对于博士生而言，批判性思维的养成要从如何面对权威开始。为了鼓励学生质疑学术权威、挑战现有学术范式，培养学生的挑战精神和创新能力，清华大学在 2013 年发起"巅峰对话"，由学生自主邀请各学科领域具有国际影响力的学术大师与清华学生同台对话。该活动迄今已经举办了 21 期，先后邀请 17 位诺贝尔奖、3 位图灵奖、1 位菲尔兹奖获得者参与对话。诺贝尔化学奖得主巴里·夏普莱斯（Barry Sharpless）在 2013 年 11 月来清华参加"巅峰对话"时，对于清华学生的质疑精神印象深刻。他在接受媒体采访时谈道："清华的学生无所畏惧，请原谅我的措辞，但他们真的很有胆量。"这是我听到的对清华学生的最高评价，博士生就应该具备这样的勇气和能力。培养批判性思维更难的一层是要有勇气不断否定自己，有一种不断超越自己的精神。爱因斯坦说："在真理的认识方面，任何以权威自居的人，必将在上帝的嬉笑中垮台。"这句名言应该成为每一位从事学术研究的博士生的箴言。

提高博士生培养质量有赖于构建全方位的博士生教育体系

一流的博士生教育要有一流的教育理念，需要构建全方位的教育体系，把教育理念落实到博士生培养的各个环节中。

在博士生选拔方面，不能简单按考分录取，而是要侧重评价学术志趣和创新潜力。知识结构固然重要，但学术志趣和创新潜力更关键，考分不能完全反映学生的学术潜质。清华大学在经过多年试点探索的基础上，于 2016 年开始全面实行博士生招生"申请–审核"制，从原来的按照考试分数招收博士生，转变为按科研创新能力、专业学术潜质招收，并给予院系、学科、导师更大的自主权。《清华大学"申请–审核"制实施办法》明晰了导师和院系在考核、遴选和推荐上的权力和职责，同时确定了规范的流程及监管要求。

在博士生指导教师资格确认方面，不能论资排辈，要更看重教师的学术活力及研究工作的前沿性。博士生教育质量的提升关键在于教师，要让更多、更优秀的教师参与到博士生教育中来。清华大学从 2009 年开始探索将博士生导师评定权下放到各学位评定分委员会，允许评聘一部分优秀副教授担任博士生导师。近年来，学校在推进教师人事制度改革过程中，明确教研系列助理教授可以独立指导博士生，让富有创造活力的青年教师指导优秀的青年学生，师生相互促进、共同成长。

在促进博士生交流方面，要努力突破学科领域的界限，注重搭建跨学科的平台。跨学科交流是激发博士生学术创造力的重要途径，博士生要努力提升在交叉学科领域开展科研工作的能力。清华大学于 2014 年创办了"微沙龙"平台，同学们可以通过微信平台随时发布学术话题，寻觅学术伙伴。3 年来，博士生参与和发起"微沙龙"12 000 多场，参与博士生达38 000 多人次。"微沙龙"促进了不同学科学生之间的思想碰撞，激发了同学们的学术志趣。清华于 2002 年创办了博士生论坛，论坛由同学自己组织，师生共同参与。博士生论坛持续举办了 500 期，开展了 18 000 多场学术报告，切实起到了师生互动、教学相长、学科交融、促进交流的作用。学校积极资助博士生到世界一流大学开展交流与合作研究，超过60% 的博士生有海外访学经历。清华于 2011 年设立了发展中国家博士生项目，鼓励学生到发展中国家亲身体验和调研，在全球化背景下研究发展中国家的各类问题。

在博士学位评定方面，权力要进一步下放，学术判断应该由各领域的学者来负责。院系二级学术单位应该在评定博士论文水平上拥有更多的权力，也应担负更多的责任。清华大学从 2015 年开始把学位论文的评审职责授权给各学位评定分委员会，学位论文质量和学位评审过程主要由各学位分委员会进行把关，校学位委员会负责学位管理整体工作，负责制度建设和争议事项处理。

全面提高人才培养能力是建设世界一流大学的核心。博士生培养质量的提升是大学办学质量提升的重要标志。我们要高度重视、充分发挥博士生教育的战略性、引领性作用，面向世界、勇于进取，树立自信、保持特色，不断推动一流大学的人才培养迈向新的高度。

清华大学校长

2017 年 12 月

丛书序二

以学术型人才培养为主的博士生教育，肩负着培养具有国际竞争力的高层次学术创新人才的重任，是国家发展战略的重要组成部分，是清华大学人才培养的重中之重。

作为首批设立研究生院的高校，清华大学自 20 世纪 80 年代初开始，立足国家和社会需要，结合校内实际情况，不断推动博士生教育改革。为了提供适宜博士生成长的学术环境，我校一方面不断地营造浓厚的学术氛围，一方面大力推动培养模式创新探索。我校从多年前就已开始运行一系列博士生培养专项基金和特色项目，激励博士生潜心学术、锐意创新，拓宽博士生的国际视野，倡导跨学科研究与交流，不断提升博士生培养质量。

博士生是最具创造力的学术研究新生力量，思维活跃，求真求实。他们在导师的指导下进入本领域研究前沿，吸取本领域最新的研究成果，拓宽人类的认知边界，不断取得创新性成果。这套优秀博士学位论文丛书，不仅是我校博士生研究工作前沿成果的体现，也是我校博士生学术精神传承和光大的体现。

这套丛书的每一篇论文均来自学校新近每年评选的校级优秀博士学位论文。为了鼓励创新，激励优秀的博士生脱颖而出，同时激励导师悉心指导，我校评选校级优秀博士学位论文已有 20 多年。评选出的优秀博士学位论文代表了我校各学科最优秀的博士学位论文的水平。为了传播优秀的博士学位论文成果，更好地推动学术交流与学科建设，促进博士生未来发展和成长，清华大学研究生院与清华大学出版社合作出版这些优秀的博士学位论文。

感谢清华大学出版社，悉心地为每位作者提供专业、细致的写作和出版指导，使这些博士论文以专著方式呈现在读者面前，促进了这些最新的优秀研究成果的快速广泛传播。相信本套丛书的出版可以为国内外各相关领域或交叉领域的在读研究生和科研人员提供有益的参考，为相关学科领域的发展和优秀科研成果的转化起到积极的推动作用。

感谢丛书作者的导师们。这些优秀的博士学位论文，从选题、研究到成文，离不开导师的精心指导。我校优秀的师生导学传统，成就了一项项优秀的研究成果，成就了一大批青年学者，也成就了清华的学术研究。感谢导师们为每篇论文精心撰写序言，帮助读者更好地理解论文。

感谢丛书的作者们。他们优秀的学术成果，连同鲜活的思想、创新的精神、严谨的学风，都为致力于学术研究的后来者树立了榜样。他们本着精益求精的精神，对论文进行了细致的修改完善，使之在具备科学性、前沿性的同时，更具系统性和可读性。

这套丛书涵盖清华众多学科，从论文的选题能够感受到作者们积极参与国家重大战略、社会发展问题、新兴产业创新等的研究热情，能够感受到作者们的国际视野和人文情怀。相信这些年轻作者们勇于承担学术创新重任的社会责任感能够感染和带动越来越多的博士生，将论文书写在祖国的大地上。

祝愿丛书的作者们、读者们和所有从事学术研究的同行们在未来的道路上坚持梦想，百折不挠！在服务国家、奉献社会和造福人类的事业中不断创新，做新时代的引领者。

相信每一位读者在阅读这一本本学术著作的时候，在吸取学术创新成果、享受学术之美的同时，能够将其中所蕴含的科学理性精神和学术奉献精神传播和发扬出去。

清华大学研究生院院长

2018 年 1 月 5 日

导师序言

量子色动力学（QCD）是研究强相互作用的理论，有限温度 QCD 是研究极端条件下（包括高温、高密、强磁场、强涡旋场等）强相互作用相变（包括色禁闭解除、手征对称性恢复、色超导、$U_A(1)$ 对称性恢复等）的理论。由于相变是个非微扰问题，QCD 的非微扰困难使得处理轻夸克系统有很大的难度，目前主要的理论工具是格点计算。对于由重味夸克构成的系统，一般用非相对论 QCD（NRQCD）来处理，该方法理论基础比较坚实，计算也比较可靠。

黄国俊博士的学位论文《量子色动力学物质中的重味夸克》用有限温度 QCD 研究重味夸克在高温强磁场环境中的性质。这个选题不仅有重要的学术意义，而且对应有现实的物理场景：相对论重离子碰撞产生的新的物质形态——夸克胶子等离子体，其具有自然界最高的温度和最强的磁场。

在介绍了 QCD 物质与重味夸克的研究现状和研究意义后，国俊的博士学位论文包括四个部分，对应他的四项研究工作。第 2 章给出了 NRQCD 的高阶修正项，利用匹配规则计算得到了质量倒数展开的前五阶参数。将前四阶的结果与之前的工作进行了比对，验证并更正了部分参数，而第五阶参数是前人工作中没有的。第 3 章讨论了奇特重味强子的分子态模型。基于 NRQCD 并引入包含格点 QCD 修正的单胶子交换势，计算了四夸克强子中双介子态之间的相互作用势。结果显示，在距离较短时，双介子之间存在吸引相互作用，可以形成束缚态；而超过一定距离后，变为排斥势，四夸克态衰变为两个介子。第 4 章关注有限温度时发散的处理。将夸克传播子分成正负能两部分，圈图计算中只有正负能传播子构成的圈才会有真空发散。第 4 章还证明了硬密圈近似的胶子自能是本章计算结果的动量与化学势比值的第零阶展开近似。第 5 章计算了外磁场中的 QCD 屏蔽质量。在路径积分的框架下，积分掉轻夸克场，双胶子项系数对动量的第零阶展开可以看作胶子的有效质量，即屏蔽质量。外磁场的贡献是通过轻夸克圈引入的。

一篇好的博士学位论文往往是后学者进入相关研究领域的入门资料。关于 QCD 相变和极端条件下重味系统的研究目前仍然是高能核物理的关键研究方向之一。我相信，黄国俊博士的学位论文对那些即将进入或正在 QCD 相变与相对论重离子碰撞这一激动人心的物理领域进行研究的博士生们会有很大的帮助。对于在这一领域工作的研究人员，这篇博士学位论文也会是很好的参考资料，同行们能在其中找到对他们研究有帮助的内容。

庄鹏飞

清华大学物理系

2023 年 4 月 25 日于清华园

摘　要

　　重味夸克物理是量子色动力学研究的重要方向。一方面，对于较大质量的夸克而言，由于其在强子内部及量子色动力学物质中的速率较小，这一相对大小关系可以作为简化量子色动力学的依据，发展出非相对论极限下的量子色动力学，作为描述重味夸克的有效理论。另一方面，根据量子色动力学给出的夸克-夸克-胶子顶点，量子色动力学物质中的胶子会激发出夸克-反夸克对，而对于重味夸克而言，发生这一激发过程对胶子的能量要求较高，发生的概率较低，这使得重味夸克数密度受到真空涨落的影响较小，在介质中较为稳定，会保留其形成初期更多的信息。

　　本书第 1 章介绍了量子色动力学物质与重味夸克的研究现状和研究意义，包括其在相对论重离子碰撞实验与致密星体中的研究。第 2 章主要探讨了重味夸克情况下的非相对论量子色动力学理论，给出了对应于夸克-夸克-胶子顶点的拉格朗日量的一般展开形式，以及利用匹配规则计算得到的质量倒数前五阶展开的参数结果。本书将前四阶的结果与前人的工作进行了比对，验证并更正了部分参数，并给出了之前没有计算出的第五阶参数。在第 3 章，本书基于重味夸克的非相对论量子色动力学理论中可以引入相互作用势的结论，引入了单胶子交换模型修正下的重味夸克间的相互作用势，并计算了四夸克态的双介子分子态模型之间的相互作用势。结果显示，在距离较短时，双介子分子态之间存在吸引的相互作用势，可能形成束缚态；而超过一定距离后，变为排斥势，四夸克态衰变为两个介子。第 4 章的内容关注于考虑介质的温度与密度带来的效应，计算了有限温度场论中引入夸克化学势对于胶子自能的影响。本书优化了以往胶子自能的计算方法，证明了硬密圈近似的胶子自能是本书计算结果的动量与化学势比值的第零阶展开，并将计算结果推广到胶子圈图的重求和理论中。在第 5 章，本书将重点计算由胶子自能带来的、在外磁场中的有效屏蔽质量。在路径积分的框架下，当考虑重味夸克的相互作用势时，可以先行积分掉轻夸克场，此过程会在拉格朗日量中引入胶子二次项，在考虑双胶子项系数关于动量的第零阶展开时，这一项可以被看作胶子的有效质量，即屏蔽质量。而在有外场时，轻夸克传播子中会引入外磁场的磁矢势，从而得到外磁场中的屏蔽质量。

关键词： 非相对论量子色动力学理论；重味四夸克态；胶子自能；德拜屏蔽质量；外磁场中的屏蔽效应

Abstract

Heavy quark physics is an important direction for the study of quantum chromodynamics. On the one hand, for heavy flavor quarks, their small velocities inside hadrons and quantum chromodynamics matter can be used as a basis for simplifying quantum chromodynamics and developing quantum chromodynamics in non-relativistic limits as an effective theory for describing heavy quarks. On the other hand, according to the quark-quark-gluon vertex given by quantum chromodynamics, the quark-antiquark pairs can be created through gluon annihilation. For heavy flavor quarks, however, the excitation process needs higher energy and has a lower probability, which makes the number density of heavy flavor quarks less affected by the vacuum fluctuations. The number is stable in the medium and keeps more information at the final stage of the collisions.

The first chapter introduces the research status and significance of quantum chromodynamics matter and heavy flavor quarks, including the research in relativistic heavy ion collision experiments and compact stars. The second chapter deals with non-relativistic quantum chromodynamic theory in the case of heavy flavor quarks, gives the general expansion form of the Lagrangian corresponding to the quark-quark-gluon vertex, and shows the parametric results up to the fifth order of the inverse mass, calculated using the matching rules. This book compares the results up to the fifth order with the previous work and corrects some of the parameters, and gives the parameters for the fifth order that have not been calculated before. In the third chapter, a potential is introduced in the non-relativistic quantum chromodynamic theory of heavy flavor quarks. The potential between the heavy flavor tetraquark states is introduced under the correction of the single gluon exchange model, and the potential between the two meson molecular states is calculated when the tetraquark state is split into a double-meson molecular state. The results show that at short distances, there is an attractive potential between the two molecular states, and at longer distances, this potential becomes repulsive. This result shows that the double-meson state may be used as a way of constructing the tetraquark state, and when the double-meson molecular states become far away from each other, they will not be able to form a binding state, and the tetra-quark state will decay into two mesons. Chapter 4 focuses on considering the effects of temperature and density of the medium and calculating the effects of quark chemical potential in the gluon self-energy in finite temperature field theory. The book optimizes the previous calculation method for the gluon self-energy, proves that the gluon self-energy in hard dense loop approximation is the zero-order result of the expansion in terms of momentum to chemical potential ratio, and extends the calculation to the loop resummation theory at one-loop level. In chapter 5, this book focuses on calculating the effective screening mass in an external magnetic field. In the framework of path integration, when considering the potential for heavy quarks, the light quark fields can be integrated out first. This process introduces the gluon quadratic term in the Lagrangian, which can be regarded as the effective mass of the gluon, namely, the screening mass, when considering the coefficient of the zero-order term in the momentum expansion of the double gluon term. When there exists the external magnetic field, the magnetic vector potential should be introduced into the quark's propagator, then the effects of the external magnetic field should be taken into account in the gluon self-energy, and the screening mass with the external magnetic field can be obtained.

Key Words: NRQCD; Heavy flavor tetra-quark state; Gluon self-energy; Debye screening mass; Screening effect in external magnetic field

缩略语说明

QED　　　量子电动力学（quantum electrodynamics）

QCD　　　量子色动力学（quantum chromodynamics）

FTFT　　　有限温度量子场论（finite temperature quantum field theory）

QGP　　　夸克胶子等离子体（quark-gluon plasma）

LQCD　　格点量子色动力学理论（lattice quantum chromodynamics）

HTL　　　硬热圈近似（hard thermal loop）

HDET　　高密度有效理论（high density effective theory）

HDL　　　硬密圈近似（hard dense loop）

NRQCD　非相对论量子色动力学（non-relativistic quantum chromodynamics）

HQEFT　重味夸克有效场论（heavy quark effective field theory）

FWT　　　Foldy-Wouthuysen-Tani 变换（Foldy-Wouthuysen-Tani transformation）

RHIC　　相对论重离子碰撞（relativistic heavy ion collisions）

PV　　　　Pauli-Villars 减除方案（Pauli-Villars subtraction scheme）

WTI　　　Ward-Takahashi 恒等式（Ward-Takahashi identity）

LLL　　　最低朗道能级（lowest Landau level）

目　录

Contents

第 1 章　研究背景

科学对于现实世界的研究主要分为两个重要方向，一个是研究事物的基本构成部分和形成的原因，另一个是研究事物之间的相互作用及其造成的结果。在自然科学领域，这两个方向都离不开对于物质相互作用的研究，而在高能核物理领域，这一相互作用就是强相互作用。高能核物理致力于研究强子中的夸克与胶子构成、用量子色动力学理解强子束缚态的能级与相互作用力、在相对论重离子碰撞中的夸克胶子等离子体形成条件以及量子色动力学物质的相变。

量子色动力学（quantum chromodynamics, QCD）领域一个重要的研究课题就是 QCD 相变过程[1-22]。QCD 相图（图 1.1）有几个主要的区域是物理学家密切关注的物理过程：①高温低密度区域的强子相到夸克胶子等离子体（quark-gluon plasma, QGP）相变过程；②高温高密度区域的强子相到 QGP 相变过程；③低温高密度区域的强子相到色超导相的相变过程；④高温高密度区域的 QGP 到超导相的相变过程。

高温低密度区域相变过程，实验上可以使用相对论重离子碰撞来实现，理论上可以使用格点场论或者硬热圈近似（hard thermal loop, HTL）来计算。而对于低温高密度区域，在地球上难以实现相应的物理条件，缺少相应的实验数据。因此，科学家们寄希望于在太空中可以找到相应的奇异夸克星或中子星，利用星体的引力束缚实现内核的高密度夸克物质。因此，理论上可以运用广义相对论的引力理论结合高密度有效理论（high density effective theory, HDET）或者硬密圈近似（hard dense loop, HDL）来计算相应的物理过程。然而现在的 HDET 和 HDL 理论存在过度近似及理论上的不完善性。因而，我们想要建立一套完整成熟的理论取代现在的有效理论来计算高密度情况下的夸克物质，并推广到高温高密情况。

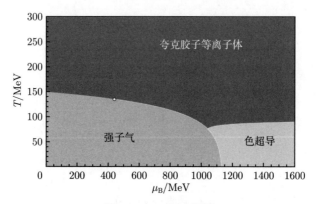

图 1.1　QCD 相图

注：横轴为重子化学势 μ_B，纵轴为体系温度 T。

本书的研究关注于在真空与介质中的有质量夸克物质：在真空中的非相对论量子色动力学（non-relativistic quantum chromodynamics, NRQCD）理论的研究、重味夸克相互作用势模型下对色禁闭过程的研究，以及建立热密介质中的夸克物质理论的研究。

1.1　有限温度量子场论

有限温度量子场论（finite temperature quantum field theory, FTFT）是研究热密物质的常用方法[23-24]。通过将零温场论中的时间替代为其虚时表示 $t = i\tau$，对应的，在动量空间中，动量的第零分量替代为其松原频率表示 $p_0 = -i\omega$。考虑到夸克、胶子、鬼场的自由传播子形式，它们的松原频率 ω 分别为奇数倍、偶数倍、偶数倍的 πT，即 $(2n+1)\pi T$、$2n\pi T$、$2n\pi T$。其中 n 为整数；π 为圆周率；T 表示介质温度。在此框架下，可以计算平衡态介质中的物质性质。进一步，可以做 $p_0 \to p_0 + \mu_f$ 代换，引入夸克的化学势，考虑夸克密度对于物质性质的影响。

如零温量子场论一样，有限温度量子场论也可以用路径积分方法进行计算。使用路径积分方法能更好地发挥有限温度量子场论的优势：在不考虑夸克化学势的情况下，可以先进行夸克费米子的格拉斯曼积分，并对得到的结果计算自旋空间的伽马矩阵求迹后，可以得到只含有实数的路径积分拉格朗日密度，从而可以用计算机方便地进行计算。这一方法被称为格点量子色动力学理论（lattice quantum chromodynamics, LQCD），是求解 QCD 物质非微扰效应的重要方法[25]。但在考虑夸克密度时，引入化学势会破坏实数拉格朗日密度的形式，而用计算机计算复数形式拉格朗日密度的路径积分在现阶段难以实现。因此，考虑化学势较大情况时的 QCD 物质理论具有重要意义。

1.2　相对论重离子碰撞

相对论重离子碰撞是高能物理中研究高温低密度区域的 QCD 物质相变过程的重要手段。在相对论重离子碰撞实验中，利用磁势阱将带电的重离子束束缚在加速器中，并利用电场对其进行加速。当重离子被加速到接近光速的时候，将其引导到同一个轨道中让两束重离子对撞，由于对撞能量的释放，碎裂的重离子会被热化至高温情况发生相变并生成夸克胶子等离子体，接着夸克胶子等离子体冷却会发生强子化过程，产生实验中所能观测到的末态强子态，上述过程如图 1.2 所示。

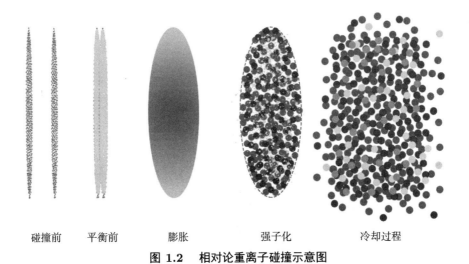

碰撞前　　　平衡前　　　　膨胀　　　　　　强子化　　　　　　冷却过程

图 1.2　相对论重离子碰撞示意图

重味夸克粒子是探测夸克胶子等离子体的有效探针[26-32]。重味夸克形成于夸克胶子等离子体发生强子化的早期，且由于质量大，重味夸克在强子化过程中受到涨落影响较小，可以保留较多的夸克胶子等离子体的信息，是探测夸克胶子等离子体性质的重要手段。重味夸克物理主要关注含重味夸克的强子态，如 J/Ψ 粒子、B_c 粒子，以及重味四夸克态等。

在理论上，利用重味夸克的大质量倒数展开，可以将量子色动力学简化，发展出非相对论极限的量子色动力学理论[33-35]。由于非相对论条件的引入，可以进一步引入夸克之间的相互作用势模型，求解重味夸克满足的狄拉克方程，研究重味强子物理的构成、质量谱、强子化过程等。

1.3　奇异夸克星与中子星

地球上难以实现对于高密度 QCD 物质的束缚，而太空中由于星体的引力势能所能提供的强大引力束缚，有可能实现高密度的夸克物质相变所需的条件。其中比较受到物理学家关注的就是奇异夸克星与中子星（图 1.3），在引力束缚下，奇异夸克星和中子星的内核有可能实现高密度的夸克物质条件，从而使其成为高密度情况下的 QCD 物质的重要研究方向[2,36-47]。

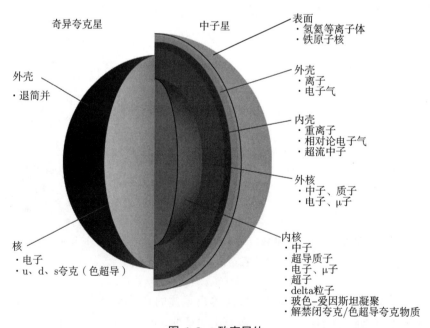

图 1.3　致密星体

注：左半边表示奇异夸克星，右半边表示中子星。

　　而理论上研究奇异夸克星和中子星，尤其是在夸克胶子等离子体到色超导相的相变过程中要求高温高密度的条件，原来的硬热圈近似和硬密圈近似都不再有效，这要求建立一套完整的热密物质理论，还需要进一步考虑到引入广义相对论情况下的弯曲时空热密物质理论。本书的研究动机之一就是建立一套超越硬热圈、硬密圈近似的热密物质理论，进而研究 QCD 物质在高密度区域的物理性质。

第 2 章　非相对论量子色动力学

2.1　重味夸克有效理论

在重味夸克有效场论（heavy quark effective field theory, HQEFT）[48] 中，可以从量子色动力学理论的拉格朗日量中提取出只含有重味夸克场 Ψ 的部分：

$$\mathscr{L} = -\frac{1}{4} G^a{}_{\mu\nu} G^{a,\mu\nu} + \sum_f \bar{q}_f \left(\mathrm{i}\slashed{D} - m_f \right) q_f \tag{2.1}$$

得到

$$\mathscr{L}_\mathrm{h} = \bar{\Psi} \left(\mathrm{i}\slashed{D} - m_f \right) \Psi \tag{2.2}$$

并可以利用投影算符将重味夸克场拆分为两个部分：

$$\Psi \equiv \mathrm{e}^{-\mathrm{i}m_f v \cdot x} \left[h_v(x) + \mathcal{Q}_v(x) \right] \tag{2.3}$$

它们分别满足夸克旋量场和反夸克旋量场的在壳条件 $\slashed{v} h_v = h_v$，$\slashed{v}\mathcal{Q}_v = -\mathcal{Q}_v$，研究物理的夸克场时可以先把 $\mathcal{Q}_v$ 场积分掉。

这一 $\mathcal{Q}_v$ 场积分过程可以使用对作用量 S 求鞍点的方法。对关于场的二次函数形式的拉格朗日密度（其中 $D_\perp^\mu \equiv D^\mu - v^\mu v \cdot D$）：

$$
\begin{aligned}
\mathscr{L}_\mathrm{h} =& \bar{\Psi} \left(\mathrm{i}\slashed{D} - m_f \right) \Psi \\
=& \bar{h}_v (\mathrm{i}D \cdot v) h_v - \bar{\mathcal{Q}}_v (\mathrm{i}D \cdot v + 2m_f) \mathcal{Q}_v + \bar{h}_v \mathrm{i}\slashed{D}_\perp \mathcal{Q}_v + \bar{\mathcal{Q}}_v \mathrm{i}\slashed{D}_\perp h_v
\end{aligned} \tag{2.4}
$$

积分掉 $\mathcal{Q}_v$ 场，等价于 $\mathcal{Q}_v$ 取鞍点值 $\mathcal{Q}_v^{\mathrm{SP}}$：

$$\int \mathcal{D}\mathcal{Q}_v \mathrm{e}^{\mathrm{i} \int \mathrm{d}^4 x \mathscr{L}(h_v, \mathcal{Q}_v)} = \mathrm{e}^{\mathrm{i} \int \mathrm{d}^4 x \mathscr{L}(h_v, \mathcal{Q}_v^{\mathrm{SP}})} \tag{2.5}$$

其中，鞍点场 $\mathcal{Q}_v^{\mathrm{SP}}$ 满足关系式 (2.6)：

$$0 = \frac{\delta}{\delta \bar{\mathcal{Q}}_v^{\mathrm{SP}}(y)} \int \mathrm{d}^4 x \mathscr{L}(h_v, \mathcal{Q}_v^{\mathrm{SP}})$$

$$= \int \mathrm{d}^4 x \left[-\delta^{(4)}(x - y)(\mathrm{i}D \cdot v + 2m_f) \mathcal{Q}_v^{\mathrm{SP}}(x) + \delta^{(4)}(x - y) \mathrm{i} \slashed{D}_\perp h_v(x) \right] \tag{2.6}$$

得到鞍点场为

$$\mathcal{Q}_v^{\mathrm{SP}}(y) = \frac{1}{\mathrm{i}D \cdot v + 2m_f} \mathrm{i} \slashed{D}_\perp h_v(y) \tag{2.7}$$

此时，重味夸克有效理论的拉格朗日密度为

$$\mathscr{L}_{\mathrm{h}} = \bar{h}_v (\mathrm{i}D \cdot v) h_v + \bar{h}_v \mathrm{i} \slashed{D}_\perp \frac{1}{2m_f + \mathrm{i}D \cdot v} \mathrm{i} \slashed{D}_\perp h_v \tag{2.8}$$

非相对论量子色动力学（NRQCD）通常用于描述低能量下重味夸克的动力学[33-35]。对重味夸克总动量的通常理解是夸克质量 m_f 乘以其速度 v 和剩余动量 k 的总和，即 $p = m_f v + k$。Luke 和 Manohar 类比于矢量场变换，构建了旋量场的变换，并据此推导出了用投影算符定义的旋量场 Ψ_v 和传统的重味夸克场 ψ_v[49] 之间的关系：

$$\Psi_v = \frac{m_f + \mathrm{i}\partial \cdot v + \mathrm{i}\slashed{\partial}_\perp + \sqrt{(m_f + \mathrm{i}\partial \cdot v)^2 + (\mathrm{i}\partial_\perp)^2}}{\left[2\sqrt{(m_f + \mathrm{i}\partial \cdot v)^2 + (\mathrm{i}\partial_\perp)^2} \left(m_f + \mathrm{i}\partial \cdot v + \sqrt{(m_f + \mathrm{i}\partial \cdot v)^2 + (\mathrm{i}\partial_\perp)^2} \right) \right]^{1/2}} \psi_v \tag{2.9}$$

其中，相对于速度 4-矢量的横向矢量被定义为 $a_\perp^\mu = a^\mu - v^\mu a \cdot v$。同时，经常被使用的 Foldy-Wouthuysen-Tani 变换（Foldy-Wouthuysen-Tani transformation, FWT）给出了这一关系的一种简单的表示[50]：

$$\Psi_v = \mathrm{e}^{\frac{\mathrm{i}\slashed{D}_\perp}{2m_f}} \psi_v \tag{2.10}$$

这一表示在动量空间可以根据重味夸克的质量倒数展开为

$$\Psi_v = \left(1 + \frac{\slashed{k}_\perp}{2m_f} + \frac{k_\perp^2}{8m_f^2} + \cdots \right) \psi_v \tag{2.11}$$

在 $\mathrm{i}\partial \cdot v \psi_v \to k \cdot v \psi_v = 0$ 的情况时，直到质量倒数的第二阶（$1/m_f^2$）展开，式 (2.9) 与式 (2.11) 的结果是一致的，但考虑到总动量与剩余动量的关系 $p = m_f v + k$，这一结果并不容易被理解。在参考文献 [51] 中可以看到，在某些情况下，可以尝试获得精确的 FWT 变换。

在本章中，本书将使用相对论在壳场与非相对论在壳场的更一般的关系来重新计算夸克-夸克-胶子顶点，并用匹配规则将结果与微扰 QCD 理论相比较来确定相应的 NRQCD 拉格朗日量的系数。书中还将对计算出来的系数与之前使用 FWT 变换的计算结果进行比较，以查看差异。

2.2 广义的 Foldy-Wouthuysen-Tani 变换方法

在在壳条件 $p_0 = E = \sqrt{m_f^2 + \boldsymbol{p}^2}$ 的假设下，相对论性旋量场 u 和 v 与其非相对论极限下的形式 u_{NR} 和 v_{NR} 可以分别表示为[52]

$$
\begin{cases}
u(p) = \dfrac{1}{\sqrt{2E(E+m_f)}}(m_f + \not{p})u_{\mathrm{NR}}(p) = \dfrac{m_f + E + \not{p}_\perp}{\sqrt{2E(E+m_f)}}u_{\mathrm{NR}}(p) \\[4mm]
v(p) = \dfrac{1}{\sqrt{2E(E+m_f)}}(m_f - \not{p})v_{\mathrm{NR}}(p) = \dfrac{m_f + E - \not{p}_\perp}{\sqrt{2E(E+m_f)}}v_{\mathrm{NR}}(p)
\end{cases}
\tag{2.12}
$$

这时的非相对论旋量场 u_{NR} 和 v_{NR} 是静止系的非相对论场，即对应于拉格朗日量中选定 $v_\mu = (1,0,0,0)$ 的非相对论有效场。当我们将 $k_\perp$ 取为 $p_\perp$ 时，上述重味夸克的场变换关系的质量倒数展开到 $1/m_f^2$ 阶只是普通的 FWT 变换 (式 (2.10))。这意味着，变换关系式 (2.12) 可以被视为广义的 FWT 变换。在动量空间表示中，在假设 $\mathrm{i}\partial \cdot v\psi_v \to k \cdot v\psi_v = 0$ 和 $\mathrm{i}\partial^\mu\psi_v \Rightarrow k^\mu\psi_v = p_\perp^\mu\psi_v$ 下，经过对比可以验证，重参数化关系式 (2.9) 和旋量场关系式 (2.12) 也相互一致。

根据量子色动力学理论，可以计算重味夸克的夸克-夸克-胶子顶点。取在壳条件，顶点可以用参数函数项 $F_1\left(q^2/m_f^2\right)$ 和 $F_2\left(q^2/m_f^2\right)$ 表示为[49]

$$
-\mathrm{i}g\bar{u}(p')T^a\left(\gamma^\mu F_1(q^2/m_f^2) + \frac{\mathrm{i}\sigma^{\mu\nu}q_\nu}{2m_f}F_2(q^2/m_f^2)\right)u(p)
\tag{2.13}
$$

其中，g 表示耦合常数；T^a 表示 Gell-Mann 矩阵；$q = p' - p$ 表示初末动量之差，即转移动量。Gamma 矩阵 $\gamma^\mu = (\gamma^0, \boldsymbol{\gamma})$ 选定为 $\gamma_0 = \sigma_3 \otimes I_2$ 及 $\boldsymbol{\gamma} = \mathrm{i}\sigma_2 \otimes \boldsymbol{\sigma}$，此时顶点可以显式写为

$$
\frac{-\mathrm{i}g}{\sqrt{4E'(E'+m_f)E(E+m_f)}}\psi^\dagger T^a\bigg[\left(F_1(q^2/m_f^2) + F_2(q^2/m_f^2)\right)\times
$$

$$
\bigg(\delta^\mu{}_0((m_f+E')(m_f+E) + \boldsymbol{p}'\cdot\boldsymbol{p} + \mathrm{i}\boldsymbol{\sigma}\cdot(\boldsymbol{p}'\times\boldsymbol{p})) +
$$

$$\delta^{\mu}{}_{j}\left((m_f + E')\sigma^j \boldsymbol{p} \cdot \boldsymbol{\sigma} + (m_f + E)\boldsymbol{p}' \cdot \boldsymbol{\sigma}\sigma^j\right)\right) - \frac{F_2(q^2/m_f^2)}{2m_f} \cdot$$

$$(p'^{\mu} + p^{\mu})\left((m_f + E')(m_f + E) - \boldsymbol{p}' \cdot \boldsymbol{p} - \mathrm{i}\boldsymbol{\sigma} \cdot (\boldsymbol{p}' \times \boldsymbol{p})\right)\Big]\psi \tag{2.14}$$

其中, 末态能量为 $E' = \sqrt{m_f^2 + \boldsymbol{p}'^2}$。

对于重味夸克而言, 其质量较大, 在动量平方远小于质量平方时, 参数函数 $F_i\ (i = 1, 2)$ 可以按照小变量 q^2/m_f^2 展开为

$$\begin{aligned} F_i\left(\frac{q^2}{m_f^2}\right) &= \sum_{n=0}^{+\infty} \frac{1}{n!} \frac{\mathrm{d}^n F_i(q^2/m_f^2)}{\mathrm{d}(q^2/m_f^2)^n}\bigg|_{q^2/m_f^2=0} \cdot \left(\frac{q^2}{m_f^2}\right)^n \\ &= F_i(0) - \frac{\boldsymbol{q}^2}{m_f^2} F_i'(0) + \\ &\quad \frac{1}{4m_f^4}\left[(\boldsymbol{p}^2 - \boldsymbol{p}'^2)^2 F_i'(0) + 2\boldsymbol{q}^4 F_i''(0)\right] + \cdots \end{aligned} \tag{2.15}$$

为了简化表达式, 本书在后面的推导中将采用记号 $F_i = F_i(0)$, $F_i' = F_i'(0)$ 和 $F_i'' = F_i''(0)$。

考虑到相对论性旋量场和非相对论性旋量场之间的变换式 (2.12)、参数函数的展开式 (2.15) 以及以下关系式: $\gamma_0 = \sigma_3 \otimes I_2$、$\boldsymbol{\gamma} = \mathrm{i}\sigma_2 \otimes \boldsymbol{\sigma}$、$u_{\mathrm{NR}} = \begin{pmatrix} \psi \\ 0 \end{pmatrix}$ 和 $\gamma^0 u_{\mathrm{NR}} = u_{\mathrm{NR}}$, 夸克-夸克-胶子顶点可以用矢量流 j_{μ} 来表示:

$$-\mathrm{i}g T^a u_{\mathrm{NR}}^{\dagger} j_{\mu} A_a^{\mu} u_{\mathrm{NR}} \tag{2.16}$$

其中, j_0 分量展开到质量倒数的第四阶为

$$\begin{aligned} j_0 = {}& F_1 - \frac{1}{4m_f^2}\left[\left(\frac{1}{2}F_1 + F_2 + 4F_1'\right)\boldsymbol{q}^2 - \mathrm{i}\left(F_1 + 2F_2\right)\boldsymbol{\sigma} \cdot (\boldsymbol{p}' \times \boldsymbol{p})\right] + \\ & \frac{1}{8m_f^4}\left[\left(\frac{5}{16}F_1 + \frac{1}{4}F_2 + 2F_1'\right)(\boldsymbol{p}^2 - \boldsymbol{p}'^2)^2 + \right. \\ & \left(F_1' + 2F_2' + 4F_1''\right)\boldsymbol{q}^4 + \left(\frac{3}{8}F_1 + \frac{1}{2}F_2\right)(\boldsymbol{p}^2 + \boldsymbol{p}'^2)\boldsymbol{q}^2 - \\ & \mathrm{i}\left(2F_1' + 4F_2'\right)\boldsymbol{\sigma} \cdot (\boldsymbol{p}' \times \boldsymbol{p})\boldsymbol{q}^2 - \\ & \left.\mathrm{i}\left(\frac{3}{4}F_1 + F_2\right)\boldsymbol{\sigma} \cdot (\boldsymbol{p}' \times \boldsymbol{p})(\boldsymbol{p}^2 + \boldsymbol{p}'^2)\right] + \mathscr{O}(1/m_f^6) \end{aligned} \tag{2.17}$$

而此矢量流的 3-矢量 $\boldsymbol{j}$ 展开到质量倒数第五阶为

$$
\begin{aligned}
\boldsymbol{j} = {} & \frac{1}{2m_f}\left[F_1(\boldsymbol{p}+\boldsymbol{p}') + \mathrm{i}\,(F_1+F_2)\,\boldsymbol{\sigma}\times\boldsymbol{q}\right] - \\
& \frac{1}{8m_f^3}\left\{\left[F_1(\boldsymbol{p}'^2+\boldsymbol{p}^2) + \left(\frac{1}{2}F_2+4F_1'\right)\boldsymbol{q}^2\right](\boldsymbol{p}+\boldsymbol{p}') + \right.\\
& \mathrm{i}\left[(F_1+F_2)(\boldsymbol{p}'^2+\boldsymbol{p}^2) + 4(F_1'+F_2')\,\boldsymbol{q}^2\right]\boldsymbol{\sigma}\times\boldsymbol{q} + \\
& \frac{1}{2}(F_1+F_2)(\boldsymbol{p}'^2-\boldsymbol{p}^2)\boldsymbol{q} + \frac{\mathrm{i}}{2}(F_1+F_2)(\boldsymbol{p}'^2-\boldsymbol{p}^2)\boldsymbol{\sigma}\times(\boldsymbol{p}+\boldsymbol{p}') - \\
& \left.\mathrm{i}F_2\boldsymbol{\sigma}\cdot(\boldsymbol{p}'\times\boldsymbol{p})(\boldsymbol{p}+\boldsymbol{p}')\right\} + \frac{\mathrm{i}\boldsymbol{\sigma}\times(\boldsymbol{p}'+\boldsymbol{p})}{128m_f^5}\left[(\boldsymbol{p}'^2-\boldsymbol{p}^2)\boldsymbol{p}'\cdot\right.\\
& \boldsymbol{p}\,(-16F_1'-16F_2') + (\boldsymbol{p}'^4-\boldsymbol{p}^4)(8F_1'+5F_1+8F_2'+5F_2)\Big] + \\
& \frac{\mathrm{i}\boldsymbol{\sigma}\times\boldsymbol{q}}{8m_f^5}\left[(\boldsymbol{p}'\cdot\boldsymbol{p})^2(8F_1''+8F_2'') - 2(\boldsymbol{p}'^2+\boldsymbol{p}^2)\boldsymbol{p}'\cdot\boldsymbol{p}(F_1'+F_2' + \right.\\
& 4F_1''+4F_2'') + \boldsymbol{p}^2\boldsymbol{p}'^2\left(\frac{3}{16}F_1+\frac{3}{16}F_2+4F_1''+4F_2''\right) + \\
& \left.(\boldsymbol{p}'^4+\boldsymbol{p}^4)\left(\frac{21}{32}F_1+\frac{21}{32}F_2+2F_1'+2F_2'+2F_1''+2F_2''\right)\right] - \\
& \frac{\boldsymbol{p}'+\boldsymbol{p}}{8m_f^5}\left[\left(F_2'+\frac{3}{8}F_2\right)(\boldsymbol{p}'^2+\boldsymbol{p}^2) - 2F_2'\boldsymbol{p}'\cdot\boldsymbol{p}\right]\mathrm{i}\boldsymbol{\sigma}\cdot(\boldsymbol{p}'\times\boldsymbol{p}) + \\
& \frac{\boldsymbol{q}}{128m_f^5}\left[(\boldsymbol{p}'^2-\boldsymbol{p}^2)\,\boldsymbol{q}^2(8F_1'+8F_2') + (\boldsymbol{p}'^4-\boldsymbol{p}^4)(5F_1+5F_2)\right] + \\
& \frac{\boldsymbol{p}'+\boldsymbol{p}}{16m_f^5}\left[(\boldsymbol{p}'\cdot\boldsymbol{p})^2(4F_2'+16F_1'') - (\boldsymbol{p}'^2+\boldsymbol{p}^2)\boldsymbol{p}'\cdot\right.\\
& \boldsymbol{p}\left(\frac{3}{4}F_2+4F_1'+4F_2'+16F_1''\right) + \boldsymbol{p}^2\boldsymbol{p}'^2\left(\frac{3}{8}F_1+\frac{1}{4}F_2+2F_2'+8F_1''\right) + \\
& \left.(\boldsymbol{p}'^4+\boldsymbol{p}^4)\left(\frac{21}{16}F_1+\frac{5}{8}F_2+4F_1'+F_2'+4F_1''\right)\right] + \mathcal{O}(1/m_f^7) \quad (2.18)
\end{aligned}
$$

现在转向非相对论量子色动力学（NRQCD）的计算。相应的 NRQCD 拉格朗日密度可以通过匹配规则与上述计算得到的夸克-夸克-胶子顶点比较来确定。将 QCD 拉格朗日量中的重味夸克场拆分为物理场 $h_v(x)$ 与非物理场 $\psi_v'(x)$，定义为 $\psi(x)=\mathrm{e}^{-\mathrm{i}m_f v\cdot x}(h_v(x)+\psi_v'(x))$，非物理场满足关系 $\not{v}\psi_v'=-\psi_v'$。积分掉非物理场 ψ_v'，可以得到熟悉的拉格朗日量：

$$\mathscr{L} = \bar{h}_v \left(iD \cdot v\right) h_v + \bar{h}_v \left(i\not{D}_\perp \frac{1}{2m_f + iD \cdot v} i\not{D}_\perp\right) h_v \tag{2.19}$$

可以按照质量倒数（$1/m_f$）展开：

$$\mathscr{L} = \bar{h}_v(iD_0)h_v + \frac{1}{2}\sum_{n=0}^{\infty}\frac{(-1)^n}{(2m_f)^{n+1}}\bar{h}_v\left\{(iD_0)^n,\ \boldsymbol{D}^2 + g\boldsymbol{\sigma}\cdot\boldsymbol{B}\right\}h_v +$$

$$\frac{1}{2}\sum_{n=0}^{\infty}\frac{(-1)^n}{(2m_f)^{n+2}}\sum_{l=0}^{n}\bar{h}_v(iD_0)^{n-l}g\left([\boldsymbol{D},\ \boldsymbol{E}]_{\cdot} + i\boldsymbol{\sigma}\cdot[\boldsymbol{D},\ \boldsymbol{E}]_\times\right)(iD_0)^l h_v +$$

$$\sum_{n=1}^{\infty}\frac{(-1)^n}{(2m_f)^{n+2}}\sum_{l=0}^{n-1}\sum_{l'=0}^{n-l-1}\bar{h}_v(iD_0)^{n-1-l-l'}\times$$

$$g^2\left(\boldsymbol{E}\cdot(iD_0)^{l'}\boldsymbol{E} + i\boldsymbol{\sigma}\cdot\left(\boldsymbol{E}\times(iD_0)^{l'}\boldsymbol{E}\right)\right)(iD_0)^l h_v \tag{2.20}$$

在静止的参考系中，$D_0 = \partial_t - igZG_0$，$\boldsymbol{D} = \nabla - igZ\mathbf{G}_a T^a$，$E^i = -G_{i0}$，$B^i = -\epsilon_{ijk}G^{jk}/2$，$[\boldsymbol{a},\ \boldsymbol{b}]_{\cdot} = \boldsymbol{a}\cdot\boldsymbol{b} - \boldsymbol{b}\cdot\boldsymbol{a}$，$[\boldsymbol{a},\ \boldsymbol{b}]_\times = \boldsymbol{a}\times\boldsymbol{b} - \boldsymbol{b}\times\boldsymbol{a}$，以及 $\{\boldsymbol{a},\boldsymbol{b}\}_{\cdot} = \boldsymbol{a}\cdot\boldsymbol{b} + \boldsymbol{b}\cdot\boldsymbol{a}$。通过重新定义在壳场 h_v：

$$h_v \to \left[1 + \frac{\boldsymbol{D}^2 + g\boldsymbol{\sigma}\cdot\boldsymbol{B}}{8m_f^2} + \frac{(iD_0)^3 + g\left([\boldsymbol{D},\ \boldsymbol{E}]_{\cdot} + i\boldsymbol{\sigma}\cdot[\boldsymbol{D},\ \boldsymbol{E}]_\times\right)}{16m_f^3} + \cdots\right]h_v \tag{2.21}$$

将相互作用项中含有 D_0 的项抵消，使用文献 [53] 中的方法，可以将拉格朗日量展开到质量倒数的第五阶（$1/m_f^5$）

$$\mathscr{L} = h_v^\dagger \Big[iD_0 + c_2\frac{\boldsymbol{D}^2}{2m_f} + c_4\frac{\boldsymbol{D}^4}{8m_f^3} + c_6\frac{\boldsymbol{D}^6}{16m_f^5} + g\frac{c_F\boldsymbol{\sigma}\cdot\boldsymbol{B}}{2m_f} +$$

$$g\frac{c_D[\boldsymbol{D},\ \boldsymbol{E}]_{\cdot} + ic_S\boldsymbol{\sigma}\cdot[\boldsymbol{D},\ \boldsymbol{E}]_\times}{8m_f^2} +$$

$$g\frac{c_{W1}\{\boldsymbol{D}^2,\ \boldsymbol{\sigma}\cdot\boldsymbol{B}\} - 2c_{W2}\boldsymbol{D}\cdot(\boldsymbol{\sigma}\cdot\boldsymbol{B})\boldsymbol{D} + c_{p'p}(\boldsymbol{\sigma}\cdot\boldsymbol{D}\boldsymbol{B}\cdot\boldsymbol{D} + \boldsymbol{D}\cdot\boldsymbol{B}\boldsymbol{\sigma}\cdot\boldsymbol{D}) + ic_M\{\boldsymbol{D},\ \boldsymbol{B}\times\boldsymbol{D}\}_{\cdot}}{8m_f^3} +$$

$$g\frac{c_{X1}[\boldsymbol{D}^2,\ \boldsymbol{D}\cdot\boldsymbol{E} + \boldsymbol{E}\cdot\boldsymbol{D}] + c_{X2}\{\boldsymbol{D}^2,\ [\boldsymbol{D},\ \boldsymbol{E}]_{\cdot}\} + c_{X3}[D^i,[D^i,[\boldsymbol{D},\ \boldsymbol{E}]_{\cdot}]]}{m_f^4} +$$

$$g\frac{ic_{X5}D^i\boldsymbol{\sigma}\cdot[\boldsymbol{D},\ \boldsymbol{E}]_\times D^i + ic_{X6}\epsilon_{ijk}\sigma^i D^j[\boldsymbol{D},\ \boldsymbol{E}]_{\cdot}D^k}{m_f^4} +$$

$$g\frac{c_{Y1}\{\boldsymbol{D}^4,\ \boldsymbol{\sigma}\cdot\boldsymbol{B}\} + c_{Y2}\boldsymbol{D}^2\boldsymbol{\sigma}\cdot\boldsymbol{B}\boldsymbol{D}^2 + c_{Y3}\{\boldsymbol{D}^2, D^i\boldsymbol{\sigma}\cdot\boldsymbol{B}D^i\} + c_{Y4}D^i D^j\boldsymbol{\sigma}\cdot\boldsymbol{B}D^j D^i}{m_f^5} +$$

$$g\frac{c_{Y5}\{\boldsymbol{D}^2,\ \boldsymbol{\sigma}\cdot\boldsymbol{D}\boldsymbol{B}\cdot\boldsymbol{D} + \boldsymbol{D}\cdot\boldsymbol{B}\boldsymbol{\sigma}\cdot\boldsymbol{D}\} + c_{Y6}D^i(\boldsymbol{\sigma}\cdot\boldsymbol{D}\boldsymbol{B}\cdot\boldsymbol{D} + \boldsymbol{D}\cdot\boldsymbol{B}\boldsymbol{\sigma}\cdot\boldsymbol{D})D^i}{m_f^5} +$$

$$g\frac{\mathrm{i}c_{Y7}\{\boldsymbol{D}^2,\boldsymbol{D}\cdot(\boldsymbol{B}\times\boldsymbol{D})+(\boldsymbol{D}\times\boldsymbol{B})\cdot\boldsymbol{D}\}+\mathrm{i}c_{Y8}D^i[\boldsymbol{D}\cdot(\boldsymbol{B}\times\boldsymbol{D})+(\boldsymbol{D}\times\boldsymbol{B})\cdot\boldsymbol{D}]D^i}{m_f^5}+$$

$$g\frac{c_{Y9}[\boldsymbol{D}^2,[\boldsymbol{\sigma}\cdot\boldsymbol{D},\boldsymbol{B}\cdot\boldsymbol{D}+\boldsymbol{D}\cdot\boldsymbol{B}]]}{m_f^5}+\cdots\Big]h_v \tag{2.22}$$

在式 (2.22) 中，本书定义计算规则 $\{\boldsymbol{a},\boldsymbol{b}\times\boldsymbol{c}\}=\boldsymbol{a}\cdot(\boldsymbol{b}\times\boldsymbol{c})+(\boldsymbol{c}\times\boldsymbol{b})\cdot\boldsymbol{a}$，其中系数 c_2、c_4、c_6、c_F、c_D、c_S、c_{W1}、c_{W2}、$c_{p'p}$、c_M、c_{X1}、c_{X2}、c_{X3}、c_{X5}、c_{X6}、c_{Y1}、c_{Y2}、c_{Y3}、c_{Y4}、c_{Y5}、c_{Y6}、c_{Y7}、c_{Y8} 和 c_{Y9} 是待定的参数。此拉格朗日量中的前四项确定胶子场中的夸克传播子，并对夸克-夸克-胶子顶点有贡献，其他项控制夸克-夸克-胶子顶点[54-55]。

从 NRQCD 拉格朗日密度式 (2.22) 中提取出夸克-夸克-胶子顶点的过程是直接的。通过将其与由参数函数控制的矢量流式 (2.16) 进行比对，可以得到 NRQCD 中待定系数展开到质量倒数第五阶 $1/m_f^5$ 的结果：

$$\begin{cases}
c_2 = c_4 = c_6 = 1\\
c_F = F_1 + F_2\\
c_D = F_1 + 2F_2 + 8F_1'\\
c_S = F_1 + 2F_2\\
c_{W1} = F_1 + F_2/2 + 4F_1' + 4F_2'\\
c_{W2} = F_2/2 + 4F_1' + 4F_2'\\
c_{p'p} = F_2\\
c_M = F_2/2 + 4F_1'\\
c_{X1} = 5F_1/128 + F_2/32 + F_1'/4\\
c_{X2} = 3F_1/64 + F_2/16\\
c_{X3} = F_1'/8 + F_2'/4 + F_1''/2\\
c_{X5} = 3F_1/32 + F_2/8\\
c_{X6} = -3F_1/32 - F_2/8 - F_1'/4 - F_2'/2\\
c_{Y1} = 27F_1/256 + 23F_2/256 + 5F_1'/16 + 5F_2'/16 + F_1''/4 + F_2''/4\\
c_{Y2} = -3F_1/128 - 11F_2/128 - F_1'/8 - 3F_2'/8 + F_1''/2 + F_2''/2\\
c_{Y3} = -3F_2/64 - F_1'/4 - F_2'/4 - F_1'' - F_2''\\
c_{Y4} = F_2'/4 + F_1'' + F_2''\\
c_{Y5} = 3F_2/64 + F_2'/8\\
c_{Y6} = -F_2'/4\\
c_{Y7} = 3F_2/128 + F_1'/8 + F_2'/16 + F_1''/4\\
c_{Y8} = -F_2'/8 - F_1''/2\\
c_{Y9} = -3F_1/128 - F_2/32 - F_1'/16 - F_2'/8
\end{cases} \tag{2.23}$$

现在，将我们的结果与之前的计算结果进行比较。与上述计算中使用的相对论性和非相对论性在壳自旋场之间的一般变换关系式 (2.12) 不同，在前面的计算中，本书使用了广义 FWT 变换。直到质量倒数的前三阶展开，除了系数 c_M 外，其他的系数与之前工作[54] 的计算结果一致；系数 c_M 与非相对论量子电动力学（NRQED）[53] 中的变分方法计算结果一致，而质量倒数第四阶的系数也与 NRQED 的结果一致[53]。首先，在两种变换方式中，质量倒数第三阶（$1/m_f^3$）处的系数 c_M 是不同的。其次，之前的计算仅达到 $1/m_f^3$ 阶，但本章的计算可以达到质量倒数的第五阶（$1/m_f^5$）展开和更高阶的结果，从而得到系数 c_{X1}、c_{X2}、c_{X3}、c_{X5}、c_{X6}、c_{Y1}、c_{Y2}、c_{Y3}、c_{Y4}、c_{Y5}、c_{Y6}、c_{Y7}、c_{Y8} 和 c_{Y9} 的表达式。

确定这些系数的最后一步是需要计算 QCD 中的参数函数 $F_1(q^2/m_f^2)$ 和 $F_2(q^2/m_f^2)$ 的具体表达式[56]。例如，将费曼图计算到单圈图校正并考虑维数重整化与 $\overline{MS}$ 减除方案，可以通过计算得到

$$\left\{ \begin{aligned} &F_1\left(\frac{q^2}{m_f^2}\right) = 1 + \frac{\alpha_s}{144\pi}\frac{q^2}{m_f^2}\left[\left(-51 + 154\ln\frac{m_f}{\mu}\right) + \right.\\ &\qquad\qquad \left. \frac{1}{10}\frac{q^2}{m_f^2}\left(131 + 888\ln\frac{m_f}{\mu}\right)\right] \\ &F_2\left(\frac{q^2}{m_f^2}\right) = \frac{\alpha_s}{6\pi}\left\{\left(13 - 9\ln\frac{m_f}{\mu}\right) + \right.\\ &\qquad\qquad \left. \frac{q^2}{m_f^2}\left[\frac{1}{6}\left(13 - 54\ln\frac{m_f}{\mu}\right) - \frac{3}{4}\frac{q^2}{m_f^2}\left(1 + 6\ln\frac{m_f}{\mu}\right)\right]\right\} \end{aligned} \right. \tag{2.24}$$

其中，耦合常数 α_s 定义为 $\alpha_s = g^2/(4\pi)$；维数重整化方法中的截断记为 μ。

使用求得的参数函数 $F_1(q^2/m_f^2)$ 和 $F_2(q^2/m_f^2)$ 以及式 (2.23) 给出的关系，可以求得拉格朗日量里的参数，用夸克质量 m 和维数重整化截断 μ 表示如下：

$$
\begin{cases}
c_F = 1 + \dfrac{\alpha_s}{6\pi}\left(13 - 9\ln\dfrac{m_f}{\mu}\right) \\[2mm]
c_D = 1 + \dfrac{\alpha_s}{18\pi}\left(27 + 100\ln\dfrac{m_f}{\mu}\right) \\[2mm]
c_S = 1 + \dfrac{\alpha_s}{3\pi}\left(13 - 9\ln\dfrac{m_f}{\mu}\right) \\[2mm]
c_{W1} = 1 + \dfrac{\alpha_s}{36\pi}\left(40 - 89\ln\dfrac{m_f}{\mu}\right) \\[2mm]
c_{W2} = \dfrac{\alpha_s}{36\pi}\left(40 - 89\ln\dfrac{m_f}{\mu}\right) \\[2mm]
c_{p'p} = \dfrac{\alpha_s}{6\pi}\left(13 - 9\ln\dfrac{m_f}{\mu}\right) \\[2mm]
c_M = \dfrac{\alpha_s}{36\pi}\left(-12 + 127\ln\dfrac{m_f}{\mu}\right) \\[2mm]
c_{X1} = \dfrac{5}{128} + \dfrac{\alpha_s}{576\pi}\left(-12 + 127\ln\dfrac{m_f}{\mu}\right) \\[2mm]
c_{X2} = \dfrac{3}{64} + \dfrac{\alpha_s}{96\pi}\left(13 - 9\ln\dfrac{m_f}{\mu}\right) \\[2mm]
c_{X3} = \dfrac{\alpha_s}{5760\pi}\left(789 + 2162\ln\dfrac{m_f}{\mu}\right) \\[2mm]
c_{X5} = \dfrac{3}{32} + \dfrac{\alpha_s}{48\pi}\left(13 - 9\ln\dfrac{m_f}{\mu}\right) \\[2mm]
c_{X6} = -\dfrac{3}{32} + \dfrac{\alpha_s}{576\pi}\left(-209 + 386\ln\dfrac{m_f}{\mu}\right) \\[2mm]
c_{Y1} = \dfrac{27}{256} + \dfrac{\alpha_s}{23040\pi}\left(4143 - 7741\ln\dfrac{m_f}{\mu}\right) \\[2mm]
c_{Y2} = -\dfrac{3}{128} + \dfrac{\alpha_s}{11520\pi}\left(-3587 + 4889\ln\dfrac{m_f}{\mu}\right) \\[2mm]
c_{Y3} = \dfrac{\alpha_s}{5760\pi}\left(-203 + 2561\ln\dfrac{m_f}{\mu}\right) \\[2mm]
c_{Y4} = \dfrac{\alpha_s}{360\pi}\left(8 - 231\ln\dfrac{m_f}{\mu}\right) \\[2mm]
c_{Y5} = \dfrac{\alpha_s}{1152\pi}\left(169 - 297\ln\dfrac{m_f}{\mu}\right) \\[2mm]
c_{Y6} = \dfrac{\alpha_s}{144\pi}\left(-13 + 54\ln\dfrac{m_f}{\mu}\right) \\[2mm]
c_{Y7} = \dfrac{\alpha_s}{11520\pi}\left(859 + 3607\ln\dfrac{m_f}{\mu}\right) \\[2mm]
c_{Y8} = \dfrac{\alpha_s}{720\pi}\left(-98 - 309\ln\dfrac{m_f}{\mu}\right) \\[2mm]
c_{Y9} = -\dfrac{3}{128} + \dfrac{\alpha_s}{2304\pi}\left(-209 + 386\ln\dfrac{m_f}{\mu}\right)
\end{cases} \tag{2.25}
$$

　　在本章中，我们重新计算了重味夸克拉格朗日量的夸克-夸克-胶子顶点。与之前计算中经常使用的通常的 FWT 变换不同，书中采用了相对论和非相对论性在壳旋量场之间的更一般的关系式。通过匹配规则将量子色动力学得到的计算结果与标准的非相对论量子色动力学计算得到的拉格朗日量相比较，本书确定了非相对论量子色动力学中的待定参数。到质量倒数第二阶展开的结果与之前使用 FWT 变换的计算结果相同，但质量倒数第三阶的某些系数已经不同，而对于在本章中计算出的质量倒数的第四阶和第五阶展开的系数来说，它们在之前的工作中没有被得到。

第 3 章　重味四夸克态与双介子分子势

3.1　重味四夸克态色空间量子态构成

在对不能解释为普通介子和重子的奇异强子的研究中，有许多理论工作集中在重味四夸克系统上，即 $QQ\bar{Q}\bar{Q}$ $(Q = c, b)$[57-78]。最近，LHCb 合作组在碰撞能量 $\sqrt{s} = 7, 8, 13$ TeV 的实验中约 6.9 GeV 处观察到一个窄峰，并将其命名为 $X(6900)$[79]。这是在实验上首次观察到的有可能是全重味四夸克态的粒子。

介子分子图像是理解多夸克态性质的常用机制。例如，存在一些四夸克态恰巧位于相应两个介子态的阈值以下的现象[65,70,72,80-85]。对于四夸克系统，考虑到所有可能的双介子分子态的组合，有两种独立的介子-介子分子态构成：$|m_1\rangle = |(Q_1\bar{Q}_3)_{1_c}(Q_2\bar{Q}_4)_{1_c}\rangle$ 和 $|m_2\rangle = |(Q_1\bar{Q}_4)_{1_c}(Q_2\bar{Q}_3)_{1_c}\rangle$。其中 $|m_1\rangle$ 表示夸克 1-反夸克 3、夸克 2-反夸克 4 分别组成色单态的介子的双介子分子态；$|m_2\rangle$ 表示夸克 1-反夸克 4、夸克 2-反夸克 3 分别组成色单态的介子的双介子分子态。如果只采用一个介子-介子构造，则两个介子之间在单胶子交换水平上不会有相互作用，具体可参阅文献 [86] 和下面的讨论。

在本章中，我们考虑了一个一般的四夸克系统，它可以表示为两种独立的双介子分子态的叠加态，叠加程度由混合角表示。四夸克态中双介子分子态间的相互作用势可以由所有四个重味夸克之间的相互作用势的总和减去两个介子分子态的内部相互作用势来得到，其中每两个夸克（或反夸克）之间的相互作用势由单胶子交换模型修正的康奈尔（Cornell）势（Casimir 放缩）得到。下面，本书将重点介绍混合角对双介子分子态间相互作用势的影响。

从色空间中的分解来看，两个独立的量子态分别为 $|s_1\rangle = |(QQ)_{\bar{3}_c}(\bar{Q}\bar{Q})_{3_c}\rangle$ 和 $|s_2\rangle = |(QQ)_{6_c}(\bar{Q}\bar{Q})_{\bar{6}_c}\rangle$，它们形成一组正交完备的色单态基矢。两种双介子分子态都可以用这组基矢来显式表示为

$$
\begin{cases}
|m_1\rangle = \sqrt{1/3}|s_1\rangle + \sqrt{2/3}|s_2\rangle \\
|m_2\rangle = -\sqrt{1/3}|s_1\rangle + \sqrt{2/3}|s_2\rangle
\end{cases}
\tag{3.1}
$$

可以注意到，与整体色单态 $|s_1\rangle$ 和 $|s_2\rangle$ 不同，两个双介子分子态是归一化且线性独立的，但不是彼此正交的。由于四夸克态总可以在正交完备基 $\{|s_1\rangle, |s_2\rangle\}$ 上展开，故四夸克态可以表示为两种双介子分子态 $|m_1\rangle$、$|m_2\rangle$ 的线性组合[86]：

$$
\begin{aligned}
|QQ\bar{Q}\bar{Q}\rangle &= \sin\Theta|s_1\rangle + \cos\Theta|s_2\rangle \\
&= \sqrt{3/4}\Big[\left(\cos\Theta/\sqrt{2} + \sin\Theta\right)|m_1\rangle + \\
&\quad \left(\cos\Theta/\sqrt{2} - \sin\Theta\right)|m_2\rangle\Big]
\end{aligned}
\tag{3.2}
$$

其中，Θ 表示两种整体色单态之间的混合角。取 $\Theta_0 = \arctan(1/\sqrt{2})$，可以检验，当混合角 $\Theta = \Theta_0$ 时，四夸克态塌缩到两个真实介子态 $|m_1\rangle$；而当混合角 $\Theta = -\Theta_0$ 时，四夸克态塌缩到两个真实介子态 $|m_2\rangle$。

3.2　重味四夸克态夸克势模型

研究多重味夸克系统的一种常用方法是势模型，它在很大程度上简化了计算[61,72-73,75-78,87]。作为估算重味四夸克态的总相互作用势的方法，本书考虑任意两个重味夸克（或重味反夸克）之间的单胶子交换相互作用势模型，总相互作用势是所有此类 Casimir 缩放的相互作用势的总和[88]：

$$
V = \sum_{i<j}^{4} \frac{\langle QQ\bar{Q}\bar{Q}|\boldsymbol{\lambda}_i^a \otimes \boldsymbol{\lambda}_j^a|QQ\bar{Q}\bar{Q}\rangle}{-16/3} V_c(|\boldsymbol{r}_{ij}|)
\tag{3.3}
$$

当作用到夸克 $i(i = 1, 2)$ 上时，其中的 $\boldsymbol{\lambda}_i^a$ 矩阵被定义为两倍的 Gall-Mann 矩阵 $2\boldsymbol{T}^a$，而当作用到反夸克 $i(i = 3, 4)$ 上时，$\boldsymbol{\lambda}_i^a$ 被定义为两倍的 Gall-Mann 矩阵的负共轭矩阵 $-2(\boldsymbol{T}^a)^*$，$|\boldsymbol{r}_{ij}| = |\boldsymbol{r}_j - \boldsymbol{r}_i|$ 是夸克 i（或

反夸克 i) 与夸克 j (或反夸克 j) 之间的距离, 而 $V_c(r)$ 是静态的康奈尔势能, 即

$$V_c(r) = -\frac{\alpha}{r} + \sigma r \tag{3.4}$$

其中, 参数 α 和 σ 可以通过在真空中拟合粲夸克偶素的质量来确定[87]。

3.3　基态双介子分子态

由于康奈尔势仅取决于两个相互作用的夸克之间的距离, 因此由四体的薛定谔方程[78] 决定的四夸克系统的运动可以分为质心运动和相对运动两个部分, 总相互作用势控制相对运动。在质量中心参考系中 (参见图 3.1), 可以定义 $\mathbf{r}_{13} = \mathbf{r}_3 - \mathbf{r}_1$, $\mathbf{r}_{24} = \mathbf{r}_4 - \mathbf{r}_2$ 以及两个子系统 $(Q_1\bar{Q}_3)$ 和 $(Q_2\bar{Q}_4)$ 的质心之间的相对位矢为

$$\mathbf{r} = \frac{M_2\mathbf{r}_2 + M_4\mathbf{r}_4}{M_2 + M_4} - \frac{M_1\mathbf{r}_1 + M_3\mathbf{r}_3}{M_1 + M_3} \tag{3.5}$$

其中, M_1 和 M_2 表示夸克 1、2 的质量; M_3 和 M_4 表示反夸克 3、4 的质量。其他位矢可以用质量、$\mathbf{r}_{13}$、$\mathbf{r}_{24}$ 和 $\mathbf{r}$ 来表示:

$$\begin{cases} \mathbf{r}_{12} = \mathbf{r} + \dfrac{M_3\mathbf{r}_{13}}{M_1 + M_3} - \dfrac{M_4\mathbf{r}_{24}}{M_2 + M_4} \\[3mm] \mathbf{r}_{14} = \mathbf{r} + \dfrac{M_3\mathbf{r}_{13}}{M_1 + M_3} + \dfrac{M_2\mathbf{r}_{24}}{M_2 + M_4} \\[3mm] \mathbf{r}_{32} = \mathbf{r} - \dfrac{M_1\mathbf{r}_{13}}{M_1 + M_3} - \dfrac{M_4\mathbf{r}_{24}}{M_2 + M_4} \\[3mm] \mathbf{r}_{34} = \mathbf{r} - \dfrac{M_1\mathbf{r}_{13}}{M_1 + M_3} + \dfrac{M_2\mathbf{r}_{24}}{M_2 + M_4} \end{cases} \tag{3.6}$$

直接计算式 (3.3) 中的矩阵元可以得到重味四夸克系统的总静态相互作用势 $V(\mathbf{r}, \mathbf{r}_{13}, \mathbf{r}_{24})$:

$$\begin{aligned} V = {} & \frac{1}{8}\left(1 - 3\cos(2\Theta)\right)\left[V_c(r_{12}) + V_c(r_{34})\right] + \\ & \frac{1}{16}\left(7 + 3\cos(2\Theta) + 6\sqrt{2}\sin(2\Theta)\right)\left[V_c(r_{13}) + V_c(r_{24})\right] + \end{aligned}$$

$$\frac{1}{16}\left(7 + 3\cos(2\Theta) - 6\sqrt{2}\sin(2\Theta)\right)[V_c(r_{14}) + V_c(r_{23})] \tag{3.7}$$

可以清楚地看到，当混合角取特定的值 $\Theta = \Theta_0$ 或 $\Theta = -\Theta_0$，重味四夸克态被还原为介子-介子态时，总相互作用势仅包含两个介子的内部势能。当 $\Theta = \Theta_0$ 时，总相互作用势 $V = V_c(r_{13}) + V_c(r_{24})$；当 $\Theta = -\Theta_0$ 时，$V = V_c(r_{14}) + V_c(r_{23})$。这两种情况下，相应的介子分子态之间的距离趋于无穷，分子态之间的相互作用趋于零。

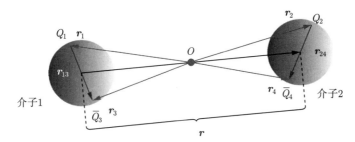

图 3.1　介子-介子分子态间相互作用的夸克结构

注：O 是重味四夸克系统的质心。

在一般情况下，混合角的大小 Θ 取决于三个相对坐标 $\Theta(r, r_{13}, r_{24})$。为了从上述重味四夸克相互作用势中提取出两介子分子态间的势能关于两个介子分子态 $(Q_1\bar{Q}_3)$ 和 $(Q_2\bar{Q}_4)$ 之间距离 r 的函数，当考虑介子大小 r_{13} 和 r_{24} 固定的情况，并忽略混合角 Θ 和总势能 V 关于 r 的方位角的依赖性。这意味着，以下计算中的双介子分子态之间的相互作用是径向对称的，考虑的是四夸克态的双介子分子态构型的基态球形分布（$J = 0$）的情况。此外，对于总相互作用势能 V，我们保留了 r_{13} 和 r_{24} 的方位角依赖性，但忽略了混合角 Θ 的方位角依赖性，即可以取 $V(r, r_{13}, r_{24})$ 和 $\Theta(r, r_{13}, r_{24})$。在混合角 Θ 的格点 QCD 模拟的拟合结果中也考虑了这两个假设[86]。

在以 r 方向为 Z 轴建立的球坐标系中，位矢 r_{13} 和 r_{24} 可以表示为

$$\begin{cases} r_{13} = r_{13}(\sin\theta_1\cos\phi_1, \sin\theta_1\sin\phi_1, \cos\theta_1) \\ r_{24} = r_{24}(\sin\theta_2\cos\phi_2, \sin\theta_2\sin\phi_2, \cos\theta_2) \end{cases} \tag{3.8}$$

3.4　介子分子态均为基态球形分布情况

考虑两介子分子态均为基态球对称分布的情况时，介子分子态内部由两夸克组成的色偶极子的方向处于各方向的概率相同，可以进一步计算 r_{13} 和 r_{24} 的各向平均：

$$\overline{V}(r, r_{13}, r_{24}) = \frac{1}{16\pi^2} \int d\Omega_1 d\Omega_2 V(r, \boldsymbol{r}_{13}, \boldsymbol{r}_{24}) \tag{3.9}$$

其中，两矢量的方位角分别记为 $\Omega_1 = (\theta_1, \phi_1)$ 和 $\Omega_2 = (\theta_2, \phi_2)$。经过直接但烦琐的计算，本书得到了重味四夸克态的双基态介子分子态模型的总静态相互作用势：

$$\begin{aligned}
\overline{V} = &\frac{1}{8} \left(1 - 3\cos(2\Theta)\right) \left[\mathscr{V}\left(r, r_{13}, r_{24}|M_{13}^3, M_{24}^4\right) + \right.\\
&\left. \mathscr{V}\left(r, r_{13}, r_{24}|M_{13}^1, M_{24}^2\right)\right] + \\
&\frac{1}{16} \left(7 + 3\cos(2\Theta) + 6\sqrt{2}\sin(2\Theta)\right) \left[V_c(r_{13}) + V_c(r_{24})\right] + \\
&\frac{1}{16} \left(7 + 3\cos(2\Theta) - 6\sqrt{2}\sin(2\Theta)\right) \times \\
&\left[\mathscr{V}\left(r, r_{13}, r_{24}|M_{13}^3, M_{24}^2\right) + \mathscr{V}\left(r, r_{13}, r_{24}|M_{13}^1, M_{24}^4\right)\right]
\end{aligned} \tag{3.10}$$

其中的势能参数函数被定义为

$$\mathscr{V}\left(r, r_{13}, r_{24}|a_1, a_2\right)$$

$$= -\frac{\alpha}{r} + \sigma r + \frac{\sigma}{3} \frac{a_1^2 r_{13}^2 + a_2^2 r_{24}^2}{r} +$$

$$\begin{cases}
\alpha \dfrac{(r_+ - r)^2 - (r_- - r)^2}{4a_1 a_2 r_{13} r_{24} r} - \sigma \dfrac{(r_+ - r)^4 - (r_- - r)^4}{24 a_1 a_2 r_{13} r_{24} r}, & r < r_- \\[3mm]
\alpha \dfrac{(r_+ - r)^2}{4a_1 a_2 r_{13} r_{24} r} - \sigma \dfrac{(r_+ - r)^4}{24 a_1 a_2 r_{13} r_{24} r}, & r_- \leqslant r < r_+ \\[3mm]
0, & r \geqslant r_+
\end{cases} \tag{3.11}$$

质量参数及距离参数分别被定义为 $M_{jk}^i = M_i/(M_j + M_k)$ 和 $r_\pm = |a_1 r_{13} \pm a_2 r_{24}|$。

　　通过从重味四夸克系统的总势能中减去两个介子的内部势能，最终可以得到双介子基态分子态间的相互作用势 $V_{mm}(r, \bar{r}_{13}, \bar{r}_{24})$：

$$V_{mm} = \overline{V}(r, \bar{r}_{13}, \bar{r}_{24}) - V_c(\bar{r}_{13}) - V_c(\bar{r}_{24}) \tag{3.12}$$

其中，$\bar{r}_{13}$ 和 $\bar{r}_{24}$ 表示两个介子分子态内部的平均半径。

　　此时控制重味四夸克势能 $\overline{V}$ 和双介子分子态间势能 V_{mm} 的关键因素是混合角 $\Theta(r, \bar{r}_{13}, \bar{r}_{24})$。在势能模型的框架中很难自洽地确定混合角关于重味四夸克构型的依赖关系。这里用格点 QCD 模拟 $\Theta^{[86]}$ 作为固定介子分子态大小 $\bar{r}_{13} = \bar{r}_{24} = r_m$ 时，依赖于介子分子态间距离 r 的函数，参见图 3.2。在介子分子态距离趋近于无穷 $(r \to \infty)$，但具有有限的介子半径 $\bar{r}_{13}$ 和 $\bar{r}_{24}$ 时，Θ 接近 Θ_0，重味四夸克系统成为两个只具有内部势能的自由介子 $(Q_1 \bar{Q}_3)$ 和 $(Q_2 \bar{Q}_4)$。

$$\begin{cases} \overline{V}(r \to \infty) = V_c(\bar{r}_{13}) + V_c(\bar{r}_{24}) \\ V_{mm}(r \to \infty) = 0 \end{cases} \tag{3.13}$$

　　在另一个极限 $\bar{r}_{13}, \bar{r}_{24} \to \infty$，但 r 有限时，Θ 接近 $-\Theta_0$，四夸克系统再次成为两个自由介子 $(Q_1 \bar{Q}_4)$ 和 $(Q_2 \bar{Q}_3)$。如果考虑一个全同重味四夸克系统 $cc\bar{c}\bar{c}$ 或 $bb\bar{b}\bar{b}$，则质量参数均为 $1/2$，即 $M_{jk}^i = 1/2$，并取 $\bar{r}_{13} = \bar{r}_{24}$，此极限下的总平均势能和双介子分子态间的平均势能变为

$$\begin{cases} \overline{V}(\bar{r}_{13} \to \infty) = 2\sigma r \\ V_{mm}(\bar{r}_{13} \to \infty) = 2\left(\sigma r - V_c(\bar{r}_{13})\right) \end{cases} \tag{3.14}$$

$r \to 0$ 但 $\bar{r}_{13}$ 和 $\bar{r}_{24}$ 有限时接近第二种极限的情况，请参见图 3.2。

　　在双介子分子态间距离的取值范围 $0 < r < \infty$ 内，格点 QCD 理论对于 $\bar{r}_{13} = \bar{r}_{24} = r_m$ 情况的模拟结果 $\Theta^{[86]}$ 可以用以下函数较好地拟合：

$$\frac{\Theta(r|r_m)}{\Theta_0} = \frac{\cos^2 x \sinh\left[\lambda_1 (r - r_m)\right] + \sin^2 x \sinh\left[\lambda_2 (r - r_m)\right]}{\cos^2 x \cosh\left[\lambda_1 (r - r_m)\right] + \sin^2 x \cosh\left[\lambda_2 (r - r_m)\right]} \tag{3.15}$$

其中，λ_1、λ_2 和 x 是拟合参数。格点 QCD 的数据和具有不同参数值的拟合曲线的拟合结果如图 3.2 所示。

　　利用不同介子分子态大小 $r_m/a = 3, 4, \cdots, 11$ 下格点 QCD 得到的混合角 $\Theta(r)$ 的模拟结果，可以计算 J/ψ-J/ψ 粒子关于两个 J/ψ 之间

距离 r 的函数，结果如图 3.3 所示，相应的参数取为 $\alpha = 0.5$ 和 $\sigma = 0.17(\text{GeV})^{2[87]}$。可以注意到，对于组成为 $c\bar{c}c\bar{c}$ 和 $b\bar{b}b\bar{b}$ 的重味四夸克系统，质量参数 $M_{jk}^{i} = M_i/(M_j + M_k) = 1/2$，并且相互作用势与重味夸克质量的大小无关。当然，在这种情况下，薛定谔方程或系统的波函数仍然取决于质量值。考虑到 J/ψ 的大小 $r_{J/\psi}$ 是 J/ψ 半径（约 0.8 fm）的两倍，J/ψ-J/ψ 间的相互作用势接近图 3.3中最右边的 $r_m/a = 11$ 的情况。在 r 较小时，双介子分子态间是吸引相互作用，使两个介子分子形成束缚态，然后在介子大小 r_m 附近逐渐变得排斥，最后在距离足够大时接近于零。这里的数值结果类似于最近的计算结果，文献 [89] 中使用无色的Pomeron 交换模型解释了介子间的吸引力。

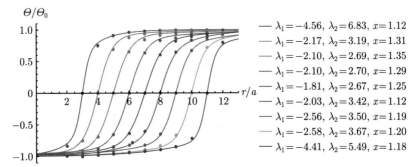

图 3.2 格点 QCD 模拟混合角 Θ/Θ_0 作为 r/a 的函数（前附彩图）

注：其中，不同颜色的曲线从左到右依次对应 $r_m/a = 3, 4, \cdots, 11$ 的情况[86]。缩放的参数为 $\Theta_0 = \arctan(1/\sqrt{2})$ 和 $a = 0.069$ fm。曲线是使用等式（3.15）的拟合结果，不同颜色曲线对应不同的拟合参数值 λ_1、λ_2 和 x。

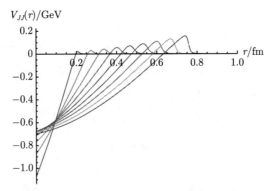

图 3.3 计算所得 J/ψ-J/ψ 双介子分子态间的相互作用势（前附彩图）

注：9 条曲线分别对应于图 3.2中使用的不同介子大小 $r_m/a = 3, 4, \cdots, 11$ 的结果（从左到右）。

3.5　小　　结

综上所述，本章从相应重味四夸克系统的夸克结构中提取了双介子分子势。由双介子分子态构成的重味四夸克系统是整体色单态的，而这两个介子分子态所对应的夸克-反夸克对并不完全处于某一种色单态，它们之间存在色荷的交换。双介子分子态之间相互作用的色结构由两个独立的色单态之间的混合角控制，其大小作为两个介子分子态之间距离的函数取自格点 QCD 模拟结果。

第 4 章　热密介质中的胶子自能

4.1　引　　言

　　QCD 物质在有限温度和有限化学势下的性质，特别是解禁闭和手征对称性相变[1,3-22,90-94] 及其在高能核碰撞[95-107] 和致密星体[2,36-47,108-109] 中的实现，几十年来一直被广泛研究。作为理论计算中常用的方法，人们引入了能量投影算符将夸克场分为正能量和负能量两种模式，因此任何费曼图都被分为两组：由相同模式构建的费曼图和由两种模式混合构建的费曼图[110-116]。能量投影算符方法被广泛应用于极高重子密度情况下色超导的研究[111,115,117-119]。在重味夸克的非相对论量子色动力学（NRQCD）中，正能量和负能量模式分别被替代为相关和不相关模式，并且通过积分掉不相关模式场，相关模式场成为主导模式并控制重味夸克的行为 [33-35,49-56,120-124]。

　　单圈费曼图在 QCD 的非微扰计算中起着至关重要的作用，如硬热圈近似（HTL）[125-130] 重求和方法和硬密圈近似（HDL）方法[131]。这些计算中的一个关键问题是如何处理单圈图的发散性问题。在某些极限中（如极高温度或极高重子密度），舍去动量与温度或动量与化学势比值的高阶项可以消除这些发散[23-24,132]。本书重点研究了利用夸克能量投影算符方法计算在有限温度、化学势和夸克质量下介质内单圈胶子自能的发散性问题。书中将显示，发散项只出现在正负能态的混合圈图中，并且是不依赖于介质的。因此，它不会改变相对于真空的热力学性质，可以被直接去除。

　　本章的结构如下。在 4.2 节，我们在 Nambu-Gorkov 空间中利用能量投影算符将 QCD 拉格朗日密度的夸克部分改写，然后通过将夸克圈图分离为纯正能态圈图、纯负能态圈图以及正负能混合圈图来计算单圈水平的胶子自能。在 4.3 节的具体计算中，研究发现纯正能态和纯负能态圈图均没有发散，而只有混合圈图存在发散。采用常用的圈图重求和方法后，在 4.4 节中计算了夸克物质的热力学性质，如胶子的德拜屏蔽质量和热力学势，并在一些极端条件下将书中的计算结果与文献中的已知结果进行了比较。最后在 4.5 节中进行了总结。

4.2　能量投影算符方法

首先考虑强相互作用中的粒子-反粒子对称性。通过采用电荷共轭算符 C 将夸克场 $\psi(x)$ 和 $\bar{\psi}(x)$ 变换为 $\psi_C(x) = C\bar{\psi}^{\mathrm{T}}(x)$ 和 $\bar{\psi}_C(x) = \psi^{\mathrm{T}}(x)C$，并引入 Nambu-Gorkov 空间[133-134]：

$$\Psi = \begin{pmatrix} \psi \\ \psi_C \end{pmatrix}, \quad \bar{\Psi} = (\bar{\psi}, \bar{\psi}_C) \tag{4.1}$$

为了使动量空间中的场无量纲化，可以通过傅里叶变换并选定归一化因子将夸克场 Ψ 和胶子场 A_μ^a 从坐标空间变换到动量空间中：

$$\begin{cases} \Psi(x) = \dfrac{1}{\sqrt{V}} \sum_k \mathrm{e}^{-\mathrm{i}k \cdot x} \Psi(k) \\ A_\mu^a(x) = \dfrac{1}{\sqrt{TV}} \sum_q \mathrm{e}^{-\mathrm{i}q \cdot x} A_\mu^a(q) \end{cases} \tag{4.2}$$

其中，V 和 T 是热密系统的体积和温度。在有限温度量子场论中，夸克动量和胶子动量的第零分量用松原频率分别被定义为 $k_0 = -\mathrm{i}(2n_k + 1)\pi T$ 和 $q_0 = -\mathrm{i}2n_q\pi T$，其中 n_k、n_q 为整数，$n_k, n_q = 0, \pm 1, \pm 2, \cdots$。$\displaystyle\sum_k$ 和 $\displaystyle\sum_q$ 表示松原频率求和及三动量积分：

$$\sum_k \Leftrightarrow T \sum_{k_0} \int \frac{\mathrm{d}^3\boldsymbol{k}}{(2\pi)^3} \tag{4.3}$$

坐标空间中 QCD 拉格朗日密度的夸克部分为

$$L = \bar{\psi} \left(\mathrm{i}\gamma^\mu \partial_\mu + g\gamma^\mu A_\mu^a T_a + \mu_f \gamma_0 - m_f \right) \psi \tag{4.4}$$

其中，夸克质量、化学势、Gell-Mann 矩阵和夸克-胶子耦合常数分别记为 m_f、μ_f、T_a $(a = 0, 1, \cdots, 8)$ 和 g。此时夸克部分的拉格朗日量在动量及 Nambu-Gorkov 空间中可简记为

$$L = \frac{1}{2} \sum_p \bar{\Psi}(k) G^{-1}(k, p) \Psi(p) \tag{4.5}$$

其中，夸克的完全传播子为

$$G^{-1}(k, p) = G_0^{-1}(k, p) + gA(k, p) \tag{4.6}$$

包含自由传播子

$$\begin{cases} G_0^{-1}(k, p) = \dfrac{1}{T} \begin{pmatrix} [G_0^+]^{-1}(k) & 0 \\ 0 & [G_0^-]^{-1}(k) \end{pmatrix} \delta(k - p) \\[3mm] [G_0^\pm]^{-1}(k) = \gamma^\mu k_\mu \pm \mu_f \gamma_0 - m_f \end{cases} \tag{4.7}$$

和无量纲化后的规范场

$$\begin{cases} A(k, p) = \dfrac{1}{\sqrt{VT^3}} \Gamma_a^\mu A_\mu^a(k - p) \\[3mm] \Gamma_a^\mu = \gamma^\mu \begin{pmatrix} T_a & 0 \\ 0 & -T_a^{\mathrm{T}} \end{pmatrix} \end{cases} \tag{4.8}$$

进一步可以将夸克场分为正能量和负能量两个部分。利用狄拉克哈密顿量，有质量夸克的正负能投影算符可定义为[116,135-138]

$$\Lambda_\pm(\tilde{k}) = \frac{1}{2\epsilon_k} \left[\epsilon_k \pm \gamma_0 (\boldsymbol{\gamma} \cdot \boldsymbol{k} + m_f) \right] \tag{4.9}$$

其中夸克能量为 $\epsilon_k = \sqrt{m_f^2 + \boldsymbol{k}^2}$。这里需要注意，$\tilde{k} = (\epsilon_k, \boldsymbol{k})$ 是一个在壳的四动量，它不同于一般的四动量 $k = (k_0, \boldsymbol{k})$。考虑到正交性和完备性：

$$\Lambda_+ \Lambda_- = \Lambda_- \Lambda_+ = 0, \quad \Lambda_+ + \Lambda_- = 1 \tag{4.10}$$

并且投影算符需满足：

$$\Lambda_\pm^\dagger = \Lambda_\pm, \quad \Lambda_\pm^2 = \Lambda_\pm \tag{4.11}$$

很容易检查用投影算符作用得到的正负能场

$$\Psi_\pm(k) = \Lambda_\pm(\tilde{k})\Psi(k) \tag{4.12}$$

满足能量分别为正数与负数的狄拉克方程

$$H\Psi_\pm(k) = \pm\epsilon_k\Psi_\pm(k) \tag{4.13}$$

其中，$H = \gamma_0(\boldsymbol{\gamma}\cdot\boldsymbol{k}+m_f)$ 为狄拉克哈密顿量。这就是为什么本书称 $\Psi_\pm$ 为正能量态和负能量态的原因。使用能量投影算符，拉格朗日密度式 (4.5) 可以被重写为

$$L = \frac{1}{2}\sum_{m,n=\pm}\sum_p \bar{\Psi}_m(k)G_{mn}^{-1}(k,p)\Psi_n(p) \tag{4.14}$$

其中，投影算符作用在夸克的完全传播子上得到的正负能态空间的矩阵元为

$$\begin{cases} G_{mn}^{-1}(k,p) = [G_0^{-1}]_{mn}(k,p) + gA_{mn}(k,p) \\ [G_0^{-1}]_{mn}(k,p) = \gamma_0\Lambda_m(\tilde{k})\gamma_0 G_0^{-1}(k,p)\Lambda_n(\tilde{p}) \\ A_{mn}(k,p) = \gamma_0\Lambda_m(\tilde{k})\gamma_0 A(k,p)\Lambda_n(\tilde{p}) \end{cases} \tag{4.15}$$

进一步，自由传播子的矩阵元可以明确地表示为

$$\begin{cases} [G_0^{-1}]_{++}(k,p) = \dfrac{1}{T}\begin{pmatrix} k_0 + \mu_f - \epsilon_k & 0 \\ 0 & k_0 - \mu_f - \epsilon_k \end{pmatrix}\gamma_0\Lambda_+(\tilde{k})\delta(k-p) \\[2em] [G_0^{-1}]_{--}(k,p) = \dfrac{1}{T}\begin{pmatrix} k_0 + \mu_f + \epsilon_k & 0 \\ 0 & k_0 - \mu_f + \epsilon_k \end{pmatrix}\gamma_0\Lambda_-(\tilde{k})\delta(k-p) \\[2em] [G_0^{-1}]_{+-}(k,p) = [G_0^{-1}]_{-+}(k,p) = 0 \end{cases} \tag{4.16}$$

虽然自由传播子在正负能空间矩阵中是对角的，但胶子规范场具有非对角线元，这导致正负能场 Ψ_+ 和 Ψ_- 之间存在耦合。

　　在重味夸克的非相对论 QCD 理论中，离壳粒子场是不相关的模式，可以被先行积分掉[139]。然而，对于轻夸克而言，正能量场 Ψ_+ 和负能量场 Ψ_- 都是相关模式，应该同等地对待。

本书现在从拉格朗日密度式 (4.14) 中提取出 Nambu-Gorkov 空间中正负能夸克场的费曼规则，稍后将用于胶子自能的计算。考虑正负能空间中自由传播子 G_0^{-1} 的对角性质，拉格朗日密度可分为自由部分和相互作用部分：

$$L = \frac{1}{2} \sum_p \Big[\sum_{m=\pm} \bar{\Psi}_m(k)[G_0^{-1}]_{mm}(k,p)\Psi_m(p) +$$
$$g \sum_{m,n=\pm} \bar{\Psi}_m(k) A_{mn}(k,p)\Psi_n(p) \Big] \qquad (4.17)$$

通过考虑夸克和规范场的关系式 (4.8)、式 (4.15) 和式 (4.16) 以及投影算符的属性

$$\Lambda_\pm \Psi_\pm = \Psi_\pm, \qquad \Lambda_\mp \Psi_\pm = 0 \qquad (4.18)$$

正负能量夸克场的自由传播子可以表示为

$$\mathbb{G}_0^\pm(k) = T \begin{pmatrix} \dfrac{1}{k_0 + \mu_f \mp \epsilon_k} & 0 \\ 0 & \dfrac{1}{k_0 - \mu_f \mp \epsilon_k} \end{pmatrix} \qquad (4.19)$$

这两个自由传播子满足夸克传播子的完备性条件：

$$\left[\sum_n \mathbb{G}_0^n \Lambda_n \right] \gamma_0 = G_0 \qquad (4.20)$$

并且胶子与正负能夸克之间的四种耦合顶点（正/负能夸克-正/负能夸克-胶子顶点）可以一般地表示为

$$\mathbb{V}_{mn}^{\mu,a}(\tilde{k}, \tilde{p}) = \frac{g}{\sqrt{VT^3}} \Lambda_m(\tilde{k}) \gamma^0 \Gamma_a^\mu \Lambda_n(\tilde{p}) \qquad (4.21)$$

4.3　单圈胶子自能

在本节中，使用夸克传播子式 (4.19) 和耦合顶点式 (4.21) 来计算胶子自能。由于一个夸克圈图可以由两个正能量夸克、两个负能量夸克或一个正能量夸克和一个负能量夸克构成，因此夸克场对于胶子自能 $\Pi^{\mu\nu,ab}(q)$

的贡献 $\Pi_Q^{\mu\nu,ab}(q)$ 在单圈图水平包含三个部分（图 4.1）：

$$
\begin{cases}
\Pi_Q^{\mu\nu,ab} = \Pi_{++}^{\mu\nu,ab} + \Pi_{--}^{\mu\nu,ab} + 2\Pi_{+-}^{\mu\nu,ab} \\[2mm]
\Pi_{mn}^{\mu\nu,ab}(q) = -\frac{1}{2}\frac{(-1)^2}{2!}(2-1)! \sum_k \mathrm{Tr}\Big[\mathbb{G}_0^m(k_+)\times \\[2mm]
\qquad\qquad \mathbb{V}_{mn}^{\mu,a}(\tilde{k}_+,\tilde{k}_-)\mathbb{G}_0^n(k_-)\mathbb{V}_{nm}^{\nu,b}(\tilde{k}_-,\tilde{k}_+)\Big]
\end{cases}
\tag{4.22}
$$

式 (4.22) 中，定义两个夸克动量 $k_+^\mu = (k_0, \boldsymbol{k}+\boldsymbol{q}/2)$，$k_-^\mu = (k_0-q_0, \boldsymbol{k}-\boldsymbol{q}/2)$；两个在壳动量 $\tilde{k}_\pm^\mu = (\epsilon_\pm, \boldsymbol{k}\pm\boldsymbol{q}/2)$，其中能量定义为 $\epsilon_\pm = \sqrt{m_f^2 + (\boldsymbol{k}\pm\boldsymbol{q}/2)^2}$。而 $\Pi_{mn}^{\mu\nu,ab}(q)$ 中的第一个系数 $1/2$ 来自 Nambu-Gorkov 空间中的归一化常数，后面的系数 $(-1)^n(n-1)!/n!$ $(n=2)$ 来自费曼图的拓扑数。这里还利用了胶子自能在正负能空间中的对称性 $\Pi_{+-}^{\mu\nu,ab} = \Pi_{-+}^{\mu\nu,ab}$。

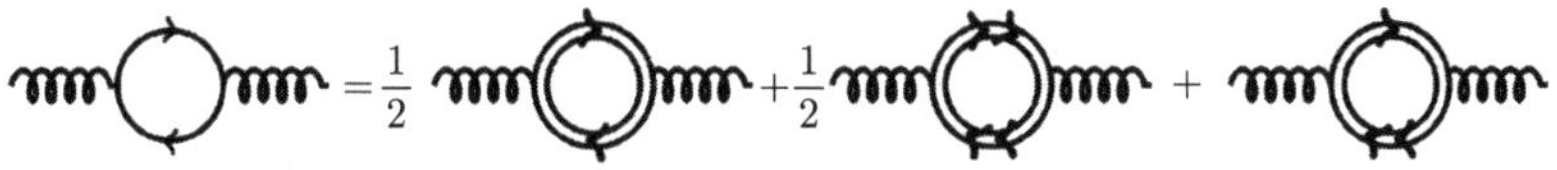

图 4.1　单圈夸克水平的胶子自能

注：双线表示具有正（单箭头）和负（双箭头）能量的夸克模式。

考虑到投影算符的性质

$$
\mathbb{G}_0^n \Lambda_n = \Lambda_n \mathbb{G}_0^n
\tag{4.23}
$$

以及 $\Lambda_n^2 = \Lambda_n$，有

$$
\Pi_{mn}^{\mu\nu,ab}(q) = -\frac{g^2}{4VT^3} \sum_k \mathrm{Tr}\Big[\mathbb{G}_0^m(k_+)\Lambda_m(\tilde{k}_+)\gamma^0\Gamma_a^\mu\times
$$
$$
\mathbb{G}_0^n(k_-)\Lambda_n(\tilde{k}_-)\gamma^0\Gamma_b^\nu\Big]
\tag{4.24}
$$

4.3.1　纯负能态夸克圈图

现在以 $\Pi_{--}^{\mu\nu,ab}$ 为例来说明胶子自能的计算和简化。在考虑了色空间中的求迹关系 $\mathrm{Tr}\,(T_a T_b) = \mathrm{Tr}\,(T_a^{\mathrm{T}} T_b^{\mathrm{T}}) = \delta_{ab}/2$ 后，单圈图水平的色-自旋空间中的胶子自能可以先提取出色因子：

$$
\Pi_{--}^{\mu\nu,ab} = -\frac{1}{T^2}\frac{\delta_{ab}}{2}\Pi_{--}^{\mu\nu}
\tag{4.25}
$$

$$\Pi^{\mu\nu}_{--} = \frac{g^2 T}{4V} \sum_{k,s=\pm} \frac{\mathrm{Tr}\left[\Lambda_-(\tilde{k}_+)\gamma^0\gamma^\mu\Lambda_-(\tilde{k}_-)\gamma^0\gamma^\nu\right]}{(k^0_+ + s\mu_f + \epsilon_+)(k^0_- + s\mu_f + \epsilon_-)} \tag{4.26}$$

其中，$\sum\limits_{s=\pm}$ 是对 Nambu-Gorkov 空间中夸克和反夸克不同化学势的求和。考虑以下自旋空间中的求迹关系：

$$\mathrm{Tr}\left[\Lambda_-(\tilde{k}_+)\gamma^0\gamma^\mu\Lambda_-(\tilde{k}_-)\gamma^0\gamma^\nu\right]$$
$$= \frac{1}{\epsilon_+\epsilon_-}\left[g^{\mu\nu}\left(m_f^2 - \bar{k}^\sigma_+\bar{k}^-_\sigma\right) + \bar{k}^\mu_+\bar{k}^\nu_- + \bar{k}^\nu_+\bar{k}^\mu_-\right] \tag{4.27}$$

这里两个新的在壳夸克动量 $\bar{k}_\pm$ 被定义为 $\bar{k}_\pm = (-\epsilon_\pm, \boldsymbol{k}\pm\boldsymbol{q}/2)$。现对夸克的松原频率求和，可以得到

$$\sum_{k_0,s=\pm} \frac{1}{\left(k^0_+ + s\mu_f + \epsilon_+\right)\left(k^0_- + s\mu_f + \epsilon_-\right)}$$
$$= \frac{\sum\limits_{s=\pm}\left[f_{\mathrm{F}}(\epsilon_+ + s\mu_f) - f_{\mathrm{F}}(\epsilon_- + s\mu_f)\right]}{T(q_0 + \epsilon_+ - \epsilon_-)}$$
$$\equiv \frac{\epsilon_-\epsilon_+}{2T} F(q_0, \epsilon_+, \epsilon_-) \tag{4.28}$$

其中，$f_{\mathrm{F}}(x) = 1/(e^{x/T} + 1)$ 为费米-狄拉克分布，且计算过程中本书使用了关系 $\tanh(x + \mathrm{i}n_q\pi) = \tanh(x)$。在正负能空间中的胶子自能 $\Pi^{\mu\nu}_{--}(q)$ 可以进一步分为两部分：

$$\Pi^{\mu\nu}_{--} = g^{\mu\nu}\overline{\Pi}_{--} + \overline{\Pi}^{\mu\nu}_{--} \tag{4.29}$$

其中标量函数 $\overline{\Pi}_{--}(q)$ 和张量函数 $\overline{\Pi}^{\mu\nu}_{--}(q)$ 的具体计算公式为

$$\begin{cases} \overline{\Pi}_{--} = \dfrac{g^2}{8}\displaystyle\int\frac{\mathrm{d}^3\boldsymbol{k}}{(2\pi)^3}\left(m_f^2 - \bar{k}^\sigma_+\bar{k}^-_\sigma\right)F(q_0,\epsilon_+,\epsilon_-) \\[3mm] \overline{\Pi}^{\mu\nu}_{--} = \dfrac{g^2}{8}\displaystyle\int\frac{\mathrm{d}^3\boldsymbol{k}}{(2\pi)^3}\left(\bar{k}^\mu_+\bar{k}^\nu_- + \bar{k}^\nu_+\bar{k}^\mu_-\right)F(q_0,\epsilon_+,\epsilon_-) \end{cases} \tag{4.30}$$

这里采用了在夸克三动量 $\boldsymbol{k}$ 上使用连续积分 $\int \mathrm{d}^3\boldsymbol{k}/(2\pi)^3$，而不是离散求和 $\sum\limits_{\boldsymbol{k}}/V$ 的方法。可以注意到，在式 (4.28) 中定义的函数 $F(q_0, \epsilon_+, \epsilon_-)$

只包含费米-狄拉克分布，因此积分的任何紫外散度都会被分布中的函数 $e^{-\epsilon_\pm/T}$ 指数抑制，积分总是收敛的。

胶子自能计算的一个关键问题是散度分析。如果存在任何红外发散或紫外发散，则需要重整化过程。为了清楚地看到这一点，本书将进一步化简方程式 (4.30) 中的三动量积分。沿胶子动量 $\boldsymbol{q}$ 方向为 Z 轴建立坐标系，并取 $\boldsymbol{q}$ 垂面的单位正交基矢为 $\{\hat{\boldsymbol{k}}_x, \hat{\boldsymbol{k}}_y\}$，夸克动量 $\boldsymbol{k}$ 在此坐标系的球坐标方位角 (θ, ϕ) 展开为

$$\boldsymbol{k} = |\boldsymbol{k}|\cos\theta\hat{\boldsymbol{q}} + |\boldsymbol{k}|\sin\theta\cos\phi\hat{\boldsymbol{k}}_x + |\boldsymbol{k}|\sin\theta\sin\phi\hat{\boldsymbol{k}}_y \tag{4.31}$$

考虑到关于 $\boldsymbol{q}$ 轴的旋转对称性，$\Pi^{\mu\nu}_{--}(q)$ 与基矢 $\hat{\boldsymbol{k}}_x$ 和 $\hat{\boldsymbol{k}}_y$ 的选择无关。在方位角 ϕ 上的积分很容易，考虑到夸克能量 $\epsilon_\pm = \sqrt{m_f^2 + |\boldsymbol{k}|^2 + |\boldsymbol{q}|^2/4 \pm |\boldsymbol{k}||\boldsymbol{q}|\cos\theta}$ 和函数 $F(q_0, \epsilon_+, \epsilon_-)$ 不依赖于角度 ϕ，标量和张量函数 $\overline{\Pi}_{--}(q)$、$\overline{\Pi}^{\mu\nu}_{--}(q)$ 可以简单地写为

$$\begin{cases} \overline{\Pi}_{--} = \dfrac{g^2}{32\pi^2}\int\mathrm{d}|\boldsymbol{k}|\mathrm{d}\cos\theta|\boldsymbol{k}|^2\left(m_f^2 - \bar{k}^\mu_+\bar{k}^-_\mu\right)F(q_0, \epsilon_+, \epsilon_-) \\[2mm] \overline{\Pi}^{\mu\nu}_{--} = \dfrac{g^2}{32\pi^2}\int\mathrm{d}|\boldsymbol{k}|\mathrm{d}\cos\theta|\boldsymbol{k}|^2 H^{\mu\nu}(q,k)F(q_0, \epsilon_+, \epsilon_-) \\[2mm] H^{00} = 2\epsilon_+\epsilon_- \\[2mm] H^{0i} = H^{i0} = -\displaystyle\sum_{s=\pm}\epsilon_s\left(|\boldsymbol{k}|\cos\theta - s\dfrac{|\boldsymbol{q}|}{2}\right)\hat{q}^i \\[2mm] H^{ij} = \left(2\boldsymbol{k}^2\cos^2\theta - \dfrac{1}{2}|\boldsymbol{q}|^2\right)\hat{q}^i\hat{q}^j + \boldsymbol{k}^2\sin^2\theta(\delta^{ij} - \hat{q}^i\hat{q}^j) \end{cases} \tag{4.32}$$

其中，参数函数 $F(q_0, \epsilon_+, \epsilon_-)$ 由式 (4.28) 定义。

然后可以对 $(|\boldsymbol{k}|, \cos\theta)$ 做变量代换到 (ϵ_-, ϵ_+)。从以下关系

$$\begin{cases} \boldsymbol{k}^2 = (\epsilon_+^2 + \epsilon_-^2)/2 - m_f^2 - \boldsymbol{q}^2/4 \\[2mm] \cos\theta = \dfrac{\epsilon_+^2 - \epsilon_-^2}{2|\boldsymbol{q}||\boldsymbol{k}|} \end{cases} \tag{4.33}$$

可以得到相应的雅可比行列式的绝对值：

$$\left| \frac{\partial(|\boldsymbol{k}|, \cos\theta)}{\partial(\epsilon_-, \epsilon_+)} \right| = \frac{\epsilon_- \epsilon_+}{|\boldsymbol{q}||\boldsymbol{k}|} \tag{4.34}$$

推导最终得到单圈纯负能态夸克贡献的胶子自能的标量和张量部分在 ϵ_- 和 ϵ_+ 上的积分形式：

$$\begin{cases} \overline{\Pi}_{--} = \dfrac{g^2}{32\pi^2} \displaystyle\int_R \mathrm{d}\epsilon_- \mathrm{d}\epsilon_+ \dfrac{\epsilon_- \epsilon_+}{|\boldsymbol{q}|} \dfrac{(\epsilon_- - \epsilon_+)^2 - \boldsymbol{q}^2}{2} F_S(q_0, \epsilon_+, \epsilon_-) \\[3mm] \overline{\Pi}_{--}^{\mu\nu} = \dfrac{g^2}{32\pi^2} \displaystyle\int_R \mathrm{d}\epsilon_- \mathrm{d}\epsilon_+ \dfrac{\epsilon_- \epsilon_+}{|\boldsymbol{q}|} H^{\mu\nu}(q, \epsilon_+, \epsilon_-) F_S(q_0, \epsilon_+, \epsilon_-) \\[3mm] H^{00} = 2\epsilon_+ \epsilon_- \\[3mm] H^{0i} = H^{i0} = \dfrac{(\epsilon_+ + \epsilon_-)^2 - \boldsymbol{q}^2}{2|\boldsymbol{q}|} q_0 \hat{q}^i \\[3mm] H^{ij} = \dfrac{1}{2}\left(\dfrac{(\epsilon_-^2 - \epsilon_+^2)^2}{\boldsymbol{q}^2} - \boldsymbol{q}^2 \right) \hat{q}^i \hat{q}^j + \\[3mm] \qquad \left[\dfrac{1}{2}(\epsilon_-^2 + \epsilon_+^2 - 2m_f^2) - \dfrac{1}{4}\left(\dfrac{(\epsilon_-^2 - \epsilon_+^2)^2}{\boldsymbol{q}^2} + \boldsymbol{q}^2 \right) \right] \times (\delta^{ij} - \hat{q}^i \hat{q}^j) \end{cases} \tag{4.35}$$

其中，(ϵ_+, ϵ_-) 的积分区域 R 是由三个动量 $\boldsymbol{q}$、$\boldsymbol{k}+\boldsymbol{q}/2$ 和 $\boldsymbol{k}-\boldsymbol{q}/2$ 可以构成三角形的条件决定的，这导致了对夸克能量的约束：

$$\begin{cases} \sqrt{\epsilon_-^2 - m_f^2} + \sqrt{\epsilon_+^2 - m_f^2} \geqslant |\boldsymbol{q}| \\[3mm] \left| \sqrt{\epsilon_-^2 - m_f^2} - \sqrt{\epsilon_+^2 - m_f^2} \right| \leqslant |\boldsymbol{q}| \end{cases} \tag{4.36}$$

为了保证积分关于 ϵ_+ 和 ϵ_- 的对称性，经过对方程组 (4.32) 的变换，这里 F_S 被定义为对称形式：

$$F_S(q_0, \epsilon_+, \epsilon_-) = \frac{1}{2}\left[F(q_0, \epsilon_+, \epsilon_-) + F(q_0, \epsilon_-, \epsilon_+) \right] \tag{4.37}$$

胶子自能关于积分变量 ϵ_+ 和 ϵ_- 的交换对称性对本书的散度分析有很大帮助。式 (4.35) 中积分的下限为 $\epsilon_- = \epsilon_+ = m_f$，上限为 $\epsilon_- = \epsilon_+ = \infty$。考虑到在 $\overline{\Pi}_{--}$ 中 $(\epsilon_- - \epsilon_+)^2 - \boldsymbol{q}^2$ 和 $\overline{\Pi}_{--}^{\mu\nu}$ 中的 $H^{\mu\nu}(q, \epsilon_+, \epsilon_-)$ 在积分下限是有限的，在上限为有限阶多项式的形式，因此发散与否取决于以下参数函数：

$$\epsilon_- \epsilon_+ F_S \sim \frac{f_{\mathrm{F}}(\epsilon_+ \pm \mu_f) - f_{\mathrm{F}}(\epsilon_- \pm \mu_f)}{q_0 + \epsilon_+ - \epsilon_-} \tag{4.38}$$

它在任何 q_0 取值时的下限处都是有限的，并且在上限处被指数压低到零。因此，对于纯负能态夸克场贡献的胶子自能 $\Pi^{\mu\nu}_{--}$，不存在红外发散和紫外发散。

4.3.2　全部正负能夸克圈图贡献的胶子自能

现在考虑由两个正能夸克构成的圈图贡献，即图 4.1 中等号右侧第一个圈图对胶子自能的贡献。与式 (4.25) 类似，首先可以将色自由度部分和动量相关部分分开，然后进行变量代换 $k \to -k$、$\tilde{k} \to -\tilde{k}$。对于夸克能量，在这种变换下 $\epsilon_{-k+q/2} = \epsilon_{k-q/2} = \epsilon_-$，$\epsilon_{-k-q/2} = \epsilon_{k+q/2} = \epsilon_+$，相当于做 ϵ_+ 和 ϵ_- 的交换；对于投影算符，在这一变换下，$\Lambda_+(-\tilde{k}, m_f) = \Lambda_-(\tilde{k}, -m_f)$，正能态贡献变为负能态贡献；并考虑到求迹关系式 (4.27) 的性质，在 μ 和 ν 交换以及用 $-m_f$ 替换 m_f 时，结果是不变的，因此可以得到

$$\mathrm{Tr}\left[\Lambda_+(-\tilde{k}+q/2)\gamma^0\gamma^\nu \Lambda_+(-\tilde{k}-q/2)\gamma^0\gamma^\mu\right]$$
$$=\mathrm{Tr}\left[\Lambda_-(\tilde{k}_-)\gamma^0\gamma^\mu \Lambda_-(\tilde{k}_+)\gamma^0\gamma^\nu\right] \tag{4.39}$$

这说明由纯正能量夸克场或纯负能量夸克场构成的单圈图对胶子自能的贡献完全相等：

$$\Pi^{\mu\nu,ab}_{++}(q) = \Pi^{\mu\nu,ab}_{--}(q) \tag{4.40}$$

图 4.1 中等号右侧第三个圈图包含真空发散，由正能量和负能量夸克场之间的混合引起。排除相同的颜色因子，它对胶子自能的贡献可以表示为

$$\Pi^{\mu\nu}_{+-} = \frac{g^2 T}{4V} \sum_{k,s=\pm} \frac{\mathrm{Tr}\left[\Lambda_+(\tilde{k}_+)\gamma^0\gamma^\mu \Lambda_-(\tilde{k}_-)\gamma^0\gamma^\nu\right]}{\left(k^0_+ + s\mu_f - \epsilon_+\right)\left(k^0_- + s\mu_f + \epsilon_-\right)} \tag{4.41}$$

在自旋空间求迹，可以得到

$$\mathrm{Tr}\left[\Lambda_+(\tilde{k}_+)\gamma^0\gamma^\mu \Lambda_-(\tilde{k}_-)\gamma^0\gamma^\nu\right]$$

$$= \frac{-1}{\epsilon_+ \epsilon_-} \left[g^{\mu\nu} \left(m_f^2 - \tilde{k}_+^\sigma \bar{k}_\sigma^- \right) + \tilde{k}_+^\mu \bar{k}_-^\nu + \tilde{k}_+^\nu \bar{k}_-^\mu \right] \tag{4.42}$$

然后对夸克场的松原频率进行求和：

$$\sum_{k_0, s=\pm} \frac{1}{\left(k_+^0 + s\mu_f - \epsilon_+ \right) \left(k_-^0 + s\mu_f + \epsilon_- \right)}$$

$$= \frac{\sum\limits_{s=\pm} \left[f_{\mathrm{F}}(\epsilon_+ + s\mu_f) + f_{\mathrm{F}}(\epsilon_- + s\mu_f) \right] - 2}{T \left(q_0 + \epsilon_+ + \epsilon_- \right)}$$

$$\equiv \frac{\epsilon_- \epsilon_+}{2T} \left[J(q_0, \epsilon_+, \epsilon_-) - \frac{4}{\epsilon_- \epsilon_+ (q_0 + \epsilon_+ + \epsilon_-)} \right] \tag{4.43}$$

$\Pi_{+-}^{\mu\nu}(q)$ 又可以分成两个部分：

$$\Pi_{+-}^{\mu\nu} = g^{\mu\nu} \overline{\Pi}_{+-} + \overline{\Pi}_{+-}^{\mu\nu} \tag{4.44}$$

与 4.3.1 节计算纯负能态夸克圈图贡献的胶子自能的方法相同，积分掉方位角 ϕ，进行 $(|\boldsymbol{k}|, \cos\theta)$ 到 (ϵ_-, ϵ_+) 的变量代换，并考虑变量 ϵ_- 和 ϵ_+ 之间的交换对称性，标量和张量函数 $\overline{\Pi}_{+-}$、$\overline{\Pi}_{+-}^{\mu\nu}$ 可以写为

$$\begin{cases} \overline{\Pi}_{+-} = \dfrac{g^2}{32\pi^2} \displaystyle\int_R \mathrm{d}\epsilon_- \mathrm{d}\epsilon_+ \dfrac{\epsilon_- \epsilon_+}{|\boldsymbol{q}|} \dfrac{\boldsymbol{q}^2 - (\epsilon_- + \epsilon_+)^2}{2} J_S(q_0, \epsilon_+, \epsilon_-) \\[2ex] \overline{\Pi}_{+-}^{\mu\nu} = \dfrac{g^2}{32\pi^2} \displaystyle\int_R \mathrm{d}\epsilon_- \mathrm{d}\epsilon_+ \dfrac{\epsilon_- \epsilon_+}{|\boldsymbol{q}|} I^{\mu\nu}(q, \epsilon_+, \epsilon_-) J_S(q_0, \epsilon_+, \epsilon_-) \\[2ex] I^{00} = H^{00} \\[2ex] I^{0i} = I^{i0} = \dfrac{\boldsymbol{q}^2 - (\epsilon_+ - \epsilon_-)^2}{2|\boldsymbol{q}|} q_0 \hat{q}^i \\[2ex] I^{ij} = -H^{ij} \end{cases} \tag{4.45}$$

其中，定义参数函数 J_S 为

$$J_S(q_0, \epsilon_+, \epsilon_-) = \frac{1}{2} \left[J(q_0, \epsilon_+, \epsilon_-) + J(-q_0, \epsilon_+, \epsilon_-) \right] \tag{4.46}$$

其中，函数 $J(q_0, \epsilon_+, \epsilon_-)$ 由式 (4.43) 定义。与函数 F 一样，J 也只包含费米-狄拉克分布，因此其积分在任何温度下都是收敛的。然而，本书在

后面的计算中忽略了式 (4.43) 最后一行方括号中的第二项，它与介质无关，但会导致 $\overline{\Pi}_{+-}$ 和 $\overline{\Pi}_{+-}^{\mu\nu}$ 做能量积分时出现发散。由于第二项与介质无关，它的行为类似于量子力学中谐振子的零点能量，属于真空基态能量贡献，可以在考虑介质的热力学性质时安全地去除。

可以检查在单夸克圈图水平上，总夸克圈图对胶子自能的贡献为

$$
\begin{cases}
\Pi_Q^{\mu\nu,ab}(q) = -\dfrac{1}{T^2}\dfrac{\delta_{ab}}{2}\Pi_Q^{\mu\nu}(q) \\[3mm]
\Pi_Q^{\mu\nu}(q) = 2\Pi_{--}^{\mu\nu}(q) + 2\Pi_{+-}^{\mu\nu}(q) \equiv \overline{\Pi}_Q^{\mu\nu}(q)
\end{cases}
\tag{4.47}
$$

可以检验，以上结果在任何温度 T、化学势 μ_f 和夸克质量 m_f 下均满足 Ward-Takahashi 恒等式（Ward-Takahashi identity，WTI）[140]：

$$
q_\mu \overline{\Pi}_Q^{\mu\nu}(q) = 0
\tag{4.48}
$$

因此总单圈夸克贡献的胶子自能 $\overline{\Pi}_Q^{\mu\nu}$ 可以用张量投影算符 $P_{\mathrm{L}}^{\mu\nu}$ 和 $P_{\mathrm{T}}^{\mu\nu}$ 分为纵向和横向自能两个部分[23]：

$$
\overline{\Pi}_Q^{\mu\nu}(q) = \overline{\Pi}_Q^{\mathrm{T}}(q)P_{\mathrm{T}}^{\mu\nu} + \overline{\Pi}_Q^{\mathrm{L}}(q)P_{\mathrm{L}}^{\mu\nu}
\tag{4.49}
$$

利用关系式 $\overline{\Pi}_Q^{00} = (1 - q_0^2/q^2)\overline{\Pi}_Q^{\mathrm{L}}$ 和 $\overline{\Pi}_{Q\mu}^{\mu} = 2\overline{\Pi}_Q^{\mathrm{T}} + \overline{\Pi}_Q^{\mathrm{L}}$，横向自能及纵向自能 $\overline{\Pi}_Q^{\mathrm{T}}(q)$、$\overline{\Pi}_Q^{\mathrm{L}}(q)$ 可以用胶子自能张量求得，并表示为

$$
\begin{cases}
\overline{\Pi}_Q^{\mathrm{T}} = \dfrac{g^2}{4\pi^2}\dfrac{1}{|\boldsymbol{q}|}\displaystyle\int_R \mathrm{d}\epsilon_-\mathrm{d}\epsilon_+ \sum_{s=\pm} s\dfrac{\epsilon_- + s\epsilon_+}{q_0^2 - (\epsilon_- + s\epsilon_+)^2} \times \\[3mm]
\qquad \left\{ m_f^2 + \dfrac{1}{4\boldsymbol{q}^2}\displaystyle\prod_{s'=\pm}[(\epsilon_- + ss'\epsilon_+)^2 - s'\boldsymbol{q}^2] \right\} f_{\mathrm{F}}^s(\epsilon_+, \epsilon_-) \\[4mm]
\overline{\Pi}_Q^{\mathrm{L}} = -\dfrac{g^2}{8\pi^2}\dfrac{q^2}{|\boldsymbol{q}|^3}\displaystyle\int_R \mathrm{d}\epsilon_-\mathrm{d}\epsilon_+ \sum_{s=\pm} s(\epsilon_- + s\epsilon_+)\dfrac{(\epsilon_- - s\epsilon_+)^2 - \boldsymbol{q}^2}{q_0^2 - (\epsilon_- + s\epsilon_+)^2}f_{\mathrm{F}}^s(\epsilon_+, \epsilon_-) \\[4mm]
f_{\mathrm{F}}^s(\epsilon_+, \epsilon_-) = \dfrac{1}{2}\displaystyle\sum_{s'=\pm}[f_{\mathrm{F}}(\epsilon_- + s'\mu_f) + sf_{\mathrm{F}}(\epsilon_+ + s'\mu_f)]
\end{cases}
\tag{4.50}
$$

4.3.3　胶子圈图与鬼场圈图贡献

现在计算胶子圈图和鬼场圈图对胶子自能的贡献。通过减除真空基态能的方法可以除去积分中的发散，其结果也满足 Ward-Takahashi 恒等

式，因此可以用投影算符 $P_{\mathrm{L}}^{\mu\nu}$ 和 $P_{\mathrm{T}}^{\mu\nu}$ 表示：

$$\overline{\varPi}_G^{\mu\nu}(q) = \overline{\varPi}_G^{\mathrm{T}}(q)P_{\mathrm{T}}^{\mu\nu} + \overline{\varPi}_G^{\mathrm{L}}(q)P_{\mathrm{L}}^{\mu\nu} \tag{4.51}$$

其中的横向自能以及纵向自能分别为

$$\begin{cases} \overline{\varPi}_G^{\mathrm{T}} = \dfrac{3g^2}{8\pi^2}\dfrac{1}{|\boldsymbol{q}|^3}\displaystyle\int_{R'}\mathrm{d}\epsilon_-\mathrm{d}\epsilon_+\sum_{s=\pm}s(\epsilon_-+s\epsilon_+)\times \\[2mm] \qquad \dfrac{q^2\left((\epsilon_--s\epsilon_+)^2+\boldsymbol{q}^2\right)+2\boldsymbol{q}^2\left((\epsilon_-+s\epsilon_+)^2-\boldsymbol{q}^2\right)}{q_0^2-(\epsilon_-+s\epsilon_+)^2}f_{\mathrm{B}}^s(\epsilon_+,\epsilon_-) \\[4mm] \overline{\varPi}_G^{\mathrm{L}} = -\dfrac{3g^2}{4\pi^2}\dfrac{q^2}{|\boldsymbol{q}|^3}\displaystyle\int_{R'}\mathrm{d}\epsilon_-\mathrm{d}\epsilon_+\sum_{s=\pm}s(\epsilon_-+s\epsilon_+)\times \\[2mm] \qquad \dfrac{(\epsilon_--s\epsilon_+)^2-2\boldsymbol{q}^2}{q_0^2-(\epsilon_-+s\epsilon_+)^2}f_{\mathrm{B}}^s(\epsilon_+,\epsilon_-) \\[4mm] f_{\mathrm{B}}^s(\epsilon_+,\epsilon_-) = \dfrac{1}{2}\left[f_{\mathrm{B}}(\epsilon_-)+sf_{\mathrm{B}}(\epsilon_+)\right] \end{cases} \tag{4.52}$$

其中，$f_{\mathrm{B}}(x) = 1/(\mathrm{e}^{x/T}-1)$ 是玻色-爱因斯坦分布，这里的积分区域 R' 是式 (4.35) 中积分区域 R 在质量项 m_f 为零时的结果。

最后总的胶子自能是夸克圈图、胶子圈图及鬼场圈图贡献之和，记为

$$\overline{\varPi}^{\mu\nu}(q) = \overline{\varPi}_Q^{\mu\nu}(q) + \overline{\varPi}_G^{\mu\nu}(q) \tag{4.53}$$

考虑胶子自能后，协变规范固定条件下的胶子完全传播子在单圈水平上具有众所周知的形式[23,141]：

$$\Delta^{\mu\nu} = \frac{P_{\mathrm{T}}^{\mu\nu}}{q^2+\overline{\varPi}^{\mathrm{T}}(q)} + \frac{P_{\mathrm{L}}^{\mu\nu}}{q^2+\overline{\varPi}^{\mathrm{L}}(q)} + \frac{\xi}{q^2}E^{\mu\nu} \tag{4.54}$$

其中，新定义的张量算符为 $E^{\mu\nu} = q^\mu q^\nu/q^2$；横向胶子自能与纵向胶子自能也分别可以由相应夸克或规范场贡献的横向自能之和与纵向自能之和来表示：$\overline{\varPi}^{\mathrm{T}} = \overline{\varPi}_Q^{\mathrm{T}} + \overline{\varPi}_G^{\mathrm{T}}$，$\overline{\varPi}^{\mathrm{L}} = \overline{\varPi}_Q^{\mathrm{L}} + \overline{\varPi}_G^{\mathrm{L}}$；而 ξ 为规范固定参数。

4.4　应　　用

4.4.1　德拜屏蔽质量

在硬热圈近似和硬密圈近似方法中，QED 和 QCD[142-143] 中的圈图重求和方法用于考虑非微扰效应。使用重求和的胶子传播子，则德拜屏蔽

质量 m_D 定义为[3,24,144]

$$m_D^2 = -\overline{\Pi}_{00}(q_0 = 0, |\boldsymbol{q}| \to 0) \tag{4.55}$$

在无质量夸克的极端热和致密 QCD 中（$T, \mu_f \gg m_f$），德拜屏蔽质量可以表示为[23,145]

$$m_D^2 = g^2 \left(\frac{N_c}{3} + \frac{N_f}{6} \right) T^2 + g^2 \sum_f \frac{\mu_f^2}{2\pi^2} \tag{4.56}$$

其中，色因子数为 N_c，参与到德拜屏蔽的夸克数为 N_f。

现在使用书中计算得到的总胶子自能 $\Pi^{\mu\nu}(q)$ 来计算一般情况，即有限温度和有限密度下的德拜屏蔽质量。首先可以考虑由纯负能态夸克构成的单圈图对德拜质量的贡献：

$$m_{--}^2 = -g^{00}\overline{\Pi}_{--}(q_0 = 0, |\boldsymbol{q}| \to 0) - \overline{\Pi}_{--}^{00}(q_0 = 0, |\boldsymbol{q}| \to 0) \tag{4.57}$$

在 $m_f = 0$ 的无质量夸克情况下，夸克能量 ϵ_+ 和 ϵ_- 的积分区域由 R 退化到 R'。对于具有 ϵ_+ 和 ϵ_- 交换对称性的任意函数 $A(q, \epsilon_+, \epsilon_-)$，其在积分区域 R' 上的积分可以写为

$$\int_{R'} \mathrm{d}\epsilon_- \mathrm{d}\epsilon_+ A(q, \epsilon_+, \epsilon_-)$$

$$= \int_0^\infty \mathrm{d}\epsilon_- \int_0^\infty \mathrm{d}\epsilon_+ A(q, \epsilon_+, \epsilon_-) \times$$

$$\Theta\left(\epsilon_- + \epsilon_+ - |\boldsymbol{q}| \right) \Theta\left(|\boldsymbol{q}| - |\epsilon_- - \epsilon_+| \right)$$

$$= 2 \int_0^\infty \mathrm{d}\epsilon_- \int_0^{\epsilon_-} \mathrm{d}\epsilon_+ A(q, \epsilon_+, \epsilon_-) \times$$

$$\Theta\left(\epsilon_- + \epsilon_+ - |\boldsymbol{q}| \right) \Theta\left(|\boldsymbol{q}| - (\epsilon_- - \epsilon_+) \right) \tag{4.58}$$

在 $|\boldsymbol{q}| = 0$ 附近，对两个阶跃函数进行泰勒展开：

$$\Theta\left(\epsilon_- + \epsilon_+ - |\boldsymbol{q}| \right) \Theta\left(|\boldsymbol{q}| - (\epsilon_- - \epsilon_+) \right)$$

$$= \Theta(\epsilon_+ - \epsilon_-)\Theta(\epsilon_+ + \epsilon_-) +$$

$$\frac{1}{|q|} \left[\Theta(\epsilon_- + \epsilon_+)\delta(\epsilon_+ - \epsilon_-) - \Theta(\epsilon_+ - \epsilon_-)\delta(\epsilon_+ + \epsilon_-) \right] \qquad (4.59)$$

考虑到在积分式 (4.58) 最后，$\epsilon_- \geqslant \epsilon_+$ 且 $\epsilon_- + \epsilon_+ \geqslant 0$，只有式 (4.59) 的第二阶中带有 $\delta(\epsilon_+ - \epsilon_-)$ 的项对积分有贡献。当 $|k| \to 0$ 时，$\epsilon_+ = \epsilon_- = |q|/2$，在这一极限下：

$$\begin{cases} \lim\limits_{\epsilon_+ \to \epsilon_-} \left[\frac{1}{2}(\epsilon_- - \epsilon_+)^2 + 2\epsilon_-\epsilon_+ \right] = 2\epsilon_-^2 \\[2mm] \lim\limits_{\epsilon_+ \to \epsilon_-} F_S(q_0 = 0, \epsilon_+, \epsilon_-) \\[2mm] = -\frac{2}{T\epsilon_-^2} \sum\limits_{s=\pm} f_F(\epsilon_- + s\mu_f)\left(1 - f_F(\epsilon_- + s\mu_f)\right) \end{cases} \qquad (4.60)$$

本书最终推导出德拜屏蔽质量的表达式为

$$\begin{aligned} m_{--}^2 &= -\frac{g^2}{32\pi^2} \int_0^\infty \mathrm{d}\epsilon_- \int_0^{\epsilon_-} \mathrm{d}\epsilon_+ \epsilon_- \epsilon_+ \delta(\epsilon_+ - \epsilon_-) \times \\ &\quad \left[(\epsilon_- - \epsilon_+)^2 + 4\epsilon_-\epsilon_+ \right] F_S(q_0 = 0, \epsilon_+, \epsilon_-) \\ &= \frac{g^2}{2} \left(\frac{T^2}{6} + \frac{\mu_f^2}{2\pi^2} \right) \end{aligned} \qquad (4.61)$$

正能量夸克圈图 $\Pi_{++}^{\mu\nu}$ 对德拜屏蔽质量贡献与式 (4.61) 相同，并且混合夸克圈图 $\Pi_{+-}^{\mu\nu}$ 对德拜屏蔽质量没有贡献。这是因为自旋空间中的求迹式 (4.42) 在 $\mu = \nu = 0$ 情况下，在极限 $|q| \to 0$ 时等于零。而胶子与鬼场圈图 $\Pi_G^{\mu\nu}$ 的贡献为

$$m_G^2 = -\Pi_G^{00}(q_0 = 0, |q| \to 0) = \frac{N_c}{3} g^2 T^2 \qquad (4.62)$$

考虑到所有参与德拜屏蔽过程的夸克及胶子与鬼场圈图的贡献，可以得到总的德拜屏蔽质量为

$$m_D^2 = m_Q^2 + m_G^2 = \sum_f \left(2m_{--}^2 \right) + m_G^2 \qquad (4.63)$$

这与式 (4.56) 中展示的结果相同。

在夸克质量非零的一般情况下，当 $q_0 = 0$ 时，负能态夸克圈图对胶子自能的贡献变为

$$
\begin{cases}
\overline{\Pi}_{--} = \mathcal{O}\left(|\boldsymbol{q}|/m_f\right) \\[2mm]
\overline{\Pi}_{--}^{0i} = \mathcal{O}\left(\left(|\boldsymbol{q}|/m_f\right)^2\right)\hat{q}^i \\[2mm]
\overline{\Pi}_{--}^{00} = -\dfrac{g^2 m_f^3}{8\pi^2 T}\int_1^\infty \mathrm{d}x\; x\sqrt{x^2-1}\sum_{s=\pm}\operatorname{sech}^2\left(\dfrac{x_s}{2T}\right)+\mathcal{O}\left(|\boldsymbol{q}|/m_f\right) \\[2mm]
\overline{\Pi}_{--}^{ij} = \mathcal{O}\left(|\boldsymbol{q}|/m_f\right)
\end{cases}
\tag{4.64}
$$

其中，简记 $x_s = m_f x + s\mu_f$。考虑到其他夸克圈图及胶子和鬼场圈图的类似贡献，可以推导出在极限 $|\boldsymbol{q}|\to 0$ 时的总德拜屏蔽质量为

$$
m_\mathrm{D}^2 = m_G^2 + \frac{g^2 m_f^3}{8\pi^2 T}\int_1^\infty \mathrm{d}x\; x\sqrt{x^2-1}\sum_{s=\pm}\operatorname{sech}^2\left(\frac{x_s}{2T}\right)
\tag{4.65}
$$

它可简化为无质量夸克情况下的结果式 (4.63)。

4.4.2　高密度极限

低温、高重子密度的夸克物质可以在致密星体和中等能量的核碰撞实验中实现。在零温极限下，玻色-爱因斯坦分布 f_B 等于零，费米-狄拉克分布 f_F 变成含重子化学势 μ_f 的阶跃函数。因此，在零温极限下，胶子自能的贡献只来自在费米面内部的夸克的圈图贡献。对于无质量夸克而言，考虑到对称夸克分布：

$$
f_\mathrm{F}^\pm(\epsilon_+,\epsilon_-) = \frac{1}{2}\left[\Theta\left(\mu_f-\epsilon_-\right)\pm\Theta\left(\mu_f-\epsilon_+\right)\right]
\tag{4.66}
$$

以及在零温极限下，根据积分的黎曼求和极限表示，松原频率求和会转化为连续变量化的松原频率积分 $T\sum\limits_{q_0}\to\displaystyle\int_{-\infty}^{+\infty}\mathrm{d}\omega_q/(2\pi)$，$q_0=-\mathrm{i}\omega_q$；即对应于零温场论中的威克转动积分。此时夸克动量 $\boldsymbol{k}$ 上的积分可以很容易地完成，而胶子自能的横向和纵向部分可以明确表示为

$$
\begin{cases}
\overline{\Pi}^\mathrm{T} = -\dfrac{g^2\mu_f^2}{12\pi^2}\left(\dfrac{2q_0^2}{\boldsymbol{q}^2}+1\right)+\dfrac{g^2}{384\pi^2|\boldsymbol{q}|^3}\sum_{n,s=\pm}F_\mathrm{T}(nq_0,|\boldsymbol{q}|,s\mu_f) \\[3mm]
\overline{\Pi}^\mathrm{L} = \dfrac{g^2\mu_f^2}{3\pi^2}\left(\dfrac{q_0^2}{\boldsymbol{q}^2}-1\right)-\dfrac{g^2}{192\pi^2|\boldsymbol{q}|^3}\sum_{n,s=\pm}F_\mathrm{L}(nq_0,|\boldsymbol{q}|,s\mu_f)
\end{cases}
\tag{4.67}
$$

其中的参数函数 $F_\mathrm{T}(nq_0,|\boldsymbol{q}|,s\mu_f)$ 和 $F_\mathrm{L}(nq_0,|\boldsymbol{q}|,s\mu_f)$ 的定义如下：

$$
\begin{cases}
F_{\mathrm{T}} = \left(q_0^2 + nq_0|\boldsymbol{q}| + 4\boldsymbol{q}^2 + 4s\mu_f q_0 + 2s\mu_f|\boldsymbol{q}| + 4\mu_f^2\right) \times \\[2mm]
\qquad \left(q_0^2 - \boldsymbol{q}^2\right)\left(nq_0 - |\boldsymbol{q}| + 2s\mu_f\right) \times \ln \dfrac{(nq_0 - |\boldsymbol{q}| + 2s\mu_f)^2}{(nq_0 - |\boldsymbol{q}|)^2} \\[4mm]
F_{\mathrm{L}} = \left(nq_0 + 2|\boldsymbol{q}| + 2s\mu_f\right)\left(q_0^2 - \boldsymbol{q}^2\right) \times \\[2mm]
\qquad \left(nq_0 - |\boldsymbol{q}| + 2s\mu_f\right)^2 \ln \dfrac{(nq_0 - |\boldsymbol{q}| + 2s\mu_f)^2}{(nq_0 - |\boldsymbol{q}|)^2}
\end{cases} \tag{4.68}
$$

在硬热圈近似方法中，在极高重子密度的情况下，取 $q_0, |\boldsymbol{q}| \ll \mu_f$ 近似，可以得到众所周知的胶子横向和纵向自能的结果[6,23] 如下：

$$
\begin{cases}
\Pi^{\mathrm{T}} = -\dfrac{m_E^2}{2}\dfrac{q_0}{|\boldsymbol{q}|}\left[\left(1 - \dfrac{q_0^2}{\boldsymbol{q}^2}\right) H\left(\dfrac{q_0}{|\boldsymbol{q}|}\right) + \dfrac{q_0}{|\boldsymbol{q}|}\right] \\[4mm]
\Pi^{\mathrm{L}} = -m_E^2\left(1 - \dfrac{q_0^2}{\boldsymbol{q}^2}\right)\left[1 - \dfrac{q_0}{|\boldsymbol{q}|}H\left(\dfrac{q_0}{|\boldsymbol{q}|}\right)\right]
\end{cases} \tag{4.69}
$$

其中的有效胶子质量 m_E 和参数函数 $H(x)$ 分别被定义为

$$
\begin{cases}
m_E^2 = \dfrac{g^2\mu_f^2}{2\pi^2} \\[4mm]
H(x) = \dfrac{1}{2}\ln\left(\dfrac{1+x}{1-x}\right)
\end{cases} \tag{4.70}
$$

而这一结果正是本书中的计算结果式 (4.67) 关于 q_0/μ_f 和 $|\boldsymbol{q}|/\mu_f$ 泰勒展开的第零阶。

还可以通过计算以下胶子自能极限来检验高密度夸克物质中的胶子屏蔽质量和动力学有效质量：

$$
\begin{cases}
-\overline{\Pi}^{\mathrm{T}}(q_0 = 0, |\boldsymbol{q}| \to 0) = 0 \\[3mm]
-\overline{\Pi}^{\mathrm{L}}(q_0 = 0, |\boldsymbol{q}| \to 0) = \dfrac{g^2\mu_f^2}{2\pi^2} \\[3mm]
-\overline{\Pi}^{\mathrm{T}}(q_0 \to 0, |\boldsymbol{q}| = 0) = \dfrac{g^2\mu_f^2}{6\pi^2} \\[3mm]
-\overline{\Pi}^{\mathrm{L}}(q_0 \to 0, |\boldsymbol{q}| = 0) = \dfrac{g^2\mu_f^2}{6\pi^2}
\end{cases} \tag{4.71}
$$

4.4.3 热力学势

现在考虑将胶子的完全传播子闭合成环，计算重求和，来计算胶子对热力学势的贡献。热力学势可以计算热密的夸克胶子等离子体的整体行为，是统计物理的重要函数。胶子环重求和的胶子贡献可以写为[146]

$$\Omega = \Omega_0 + \Omega_1 + \Omega_{\rm ring} \tag{4.72}$$

其中，Ω_0 是自由胶子圈的贡献。为了使用 $\Omega_{\rm ring}$ 的标准定义，可以将环上只有一个胶子自能的情况 Ω_1 与有两个及以上胶子自能的情况 $\Omega_{\rm ring}$ 分开。由于胶子的完全传播子分为横向和纵向部分（参见式 (4.54)），$\Omega_{\rm ring}$ 也可以分为横向胶子自能与纵向胶子自能两部分的贡献[127]：

$$\Omega_{\rm ring} = -N_g R_{\rm T} - \frac{N_g}{2} R_{\rm L} \tag{4.73}$$

在参考文献 [128, 147-148] 中可以看到使用 HTL/HDL 近似的胶子松原频率求和与动量积分的计算结果。在这里，用本章推导出的对介质温度和夸克化学势没有大小限制的胶子横向和纵向自能分别计算 $R_{\rm T}$ 和 $R_{\rm L}$。为了简化计算过程，本书后文将考虑零质量极限情况。考虑到胶子自能的计算结果只依赖于胶子三动量的大小，在计算重求和时可以先对胶子动量 $\boldsymbol{q}$ 的方位角 ϕ 和 θ 积分，横向和纵向部分的重求和贡献 $R_{\rm T}(T, \mu_f, g)$ 和 $R_{\rm L}(T, \mu_f, g)$ 可以明确用温度 T、化学势 μ_f 和耦合常数 g 表示为

$$\begin{cases} R_{\rm T} = \int \frac{{\rm d}\omega_q}{2\pi} \int {\rm d}|\boldsymbol{q}| \frac{4\pi \boldsymbol{q}^2}{(2\pi)^3} \times \\ \qquad \left[\ln\left(1 - \frac{\Pi^{\rm T}(-{\rm i}\omega_q, |\boldsymbol{q}|)}{\omega_q^2 + \boldsymbol{q}^2}\right) + \frac{\Pi^{\rm T}(-{\rm i}\omega_q, |\boldsymbol{q}|)}{\omega_q^2 + \boldsymbol{q}^2} \right] \\ R_{\rm L} = \int \frac{{\rm d}\omega_q}{2\pi} \int {\rm d}|\boldsymbol{q}| \frac{4\pi \boldsymbol{q}^2}{(2\pi)^3} \times \\ \qquad \left[\ln\left(1 - \frac{\Pi^{\rm L}(-{\rm i}\omega_q, |\boldsymbol{q}|)}{\omega_q^2 + \boldsymbol{q}^2}\right) + \frac{\Pi^{\rm L}(-{\rm i}\omega_q, |\boldsymbol{q}|)}{\omega_q^2 + \boldsymbol{q}^2} \right] \end{cases} \tag{4.74}$$

由于胶子自能正比于耦合常数平方（$\Pi \propto g^2$），式 (4.74) 中对数函数在弱耦合常数的泰勒展开导致 $R_{\rm T}, R_{\rm L} \propto g^4$。在 $1 < g < 5$ 范围内，详细计算表明重求和所得横向与纵向贡献 $R_{\rm T}$、$R_{\rm L}$ 与耦合常数的依赖关系均可以用 g^2 与 g^3 的线性组合来表示，即 $R_{\rm T}/\mu_{\rm B}^4, R_{\rm L}/\mu_{\rm B}^4 \propto g^2 + \lambda\, g^3$。一般

情况下，冷夸克物质（$T = 0$）的 R_L 和 R_T 在不同胶子动量截断值下的耦合常数依赖关系如图 4.2所示。而此时的动量截断 Λ 为 $100\mu_f \sim 500\mu_f$，远大于夸克化学势 μ_f，因此硬密圈近似不再适用。

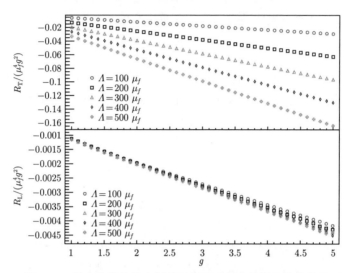

图 4.2　纵向和横向热力学势贡献关于耦合常数的依赖关系

注：放缩后的纵向和横向热力学势贡献 $R_L/(\mu_f^4 g^2)$ 和 $R_T/(\mu_f^4 g^2)$ 作为冷夸克物质耦合常数 g 的函数。不同的数据点对应不同的胶子动量截断值 Λ。

4.5　小　　结

本章重点研究了在 QCD 框架中，有限温度、化学势和夸克质量下的胶子自能。使用夸克能量投影算符方法，自能 $\Pi^{\mu\nu}(q)$ 的发散只出现在正负能夸克场构成的混合圈图中，且与介质无关。因此，可以通过真空基态能量的减除方案消除发散。在对文献中经常使用的胶子自能进行重新计算后，本书非微扰地计算了胶子德拜屏蔽质量和热力学势。由于德拜屏蔽质量与正负能混合夸克圈图无关，因此它与真空基态能导致的发散无关。在无质量夸克和极高温度或极高密度的极限下，本书的计算结果可以回到 HTL 或 HDL 的结果。本书中使用的夸克能量投影算符方法可以直接扩展到具有更多夸克圈的其他 QCD 图的发散问题处理上。

第 5 章　磁场中的规范不变性与屏蔽质量

5.1　引　言

Kirill Tuchin 预测的相对论重离子碰撞（relativistic heavy ion collisions, RHIC）中存在的电磁场[149] 在近些年备受关注[96,150-188]。1951 年，施温格利用规范不变的方法计算出了均匀外磁场中的费米子传播子[189]。事实上，使用施温格传播子在有限温度场论下计算外磁场中的屏蔽质量时存在一些问题，可能会出现破坏 Ward-Takahashi 恒等式的情况，在文献 [190] 中提出了使用 Pauli-Villars 减除方案（Pauli-Villars subtraction scheme, PV）来满足恒等式的方法。然而，推导出 Ward-Takahashi 恒等式的过程，只与系统的拉格朗日量和规范固定条件的规范不变性有关，应该独立于具体的发散减除方案[191-192]。实际上，在本章的探讨中发现，当严格考虑松原频率求和的一致收敛性后很容易得到满足 Ward-Takahashi 恒等式的胶子自能。

例如，在强外磁场中，施温格夸克传播子可以变为最低朗道能级（lowest Landau level, LLL）近似结果[193-194]（$(a \cdot b)_{||} = a^0 b^0 - a^3 b^3$，$(a \cdot b)_\perp = a^1 b^1 + a^2 b^2$）：

$$S_{\text{LLL}}(p) = \frac{m_f + (p \cdot \gamma)_{||}}{p_{||}^2 - m_f^2}[1 - \text{sign}(q_f B)\mathrm{i}\gamma^1\gamma^2]\mathrm{e}^{-\frac{p_\perp^2}{|q_f B|}} \tag{5.1}$$

其中，p、q_f 和 B 分别是夸克的动量、电荷和均匀外磁场的强度。容易证明，式 (5.1) 中 $m_f + (p \cdot \gamma)_{||}$ 项与 $1 - \text{sign}(q_f B)\mathrm{i}\gamma^1\gamma^2$ 项对易，这在后面的简化计算中会起到重要作用。为了得到可靠的磁屏蔽质量，需要在计算单圈夸克贡献的磁屏蔽质量之前，计算胶子的自能并检查它是否满足 Ward-Takahashi 恒等式。

夸克贡献的胶子自能可以通过以下关系式得到

$$\delta_{ab}\Pi_Q^{\mu\nu}(q)$$

$$=(-1)(\mathrm{i}g)^2\frac{T}{V}\sum_p\mathrm{Tr}\left[S_{\mathrm{LLL}}(p)\gamma^\mu T_a S_{\mathrm{LLL}}(p-q)\gamma^\nu T_b\right] \tag{5.2}$$

考虑到 $m_f + (p\cdot\gamma)_\parallel$ 项与 $1-\mathrm{sign}(q_f B)\mathrm{i}\gamma^1\gamma^2$ 项的对易性，由于 $[1-\mathrm{sign}(q_f B)\mathrm{i}\gamma^1\gamma^2]\gamma^1[1-\mathrm{sign}(q_f B)\mathrm{i}\gamma^1\gamma^2] = 0$ 且 $[1-\mathrm{sign}(q_f B)\mathrm{i}\gamma^1\gamma^2]\gamma^2[1-\mathrm{sign}(q_f B)\mathrm{i}\gamma^1\gamma^2] = 0$，当胶子自能 $\Pi_Q^{\mu\nu}(q)$ 中的指标为 $\mu = 1, 2$ 或 $\nu = 1, 2$ 时，其值为零。可以通过计算 $q_\nu\Pi_Q^{\mu\nu}(q)$ 项来检验 Ward-Takahashi 恒等式，可以证明：

$$q_\nu\Pi_Q^{\mu\nu}(q)$$

$$=g^2 T\sum_{p_0}\int\frac{\mathrm{d}^3\boldsymbol{p}}{(2\pi)^3}\frac{\partial}{\partial p_z}\left\{e^{-\frac{2p_x^2-2p_x q_x+2p_y^2-2p_y q_y+q_x^2+q_y^2}{|q_f B|}}\times\right.$$

$$\left[\delta^\mu{}_3\left(2\ln\left(\frac{m_f^2-p_0^2+p_z^2}{m_f^2-(p_0-q_0)^2+(p_z-q_z)^2}\right)\right)+\right.$$

$$\delta^\mu{}_0\left(\frac{4p_0\arctan\left(\frac{p_z}{(m_f^2-p_0^2)^{1/2}}\right)}{(m_f^2-p_0^2)^{1/2}}-\right.$$

$$\left.\left.\left.\frac{4(p_0-q_0)\arctan\left(\frac{(p_z-q_z)}{(m_f^2-(p_0-q_0)^2)^{1/2}}\right)}{(m_f^2-(p_0-q_0)^2)^{1/2}}\right)\right]\right\} \tag{5.3}$$

如果在松原频率求和过程之前进行动量第三分量 p_z 的积分，则得到的胶子自能不能满足 Ward-Takahashi 恒等式，因为

$$q_\nu\Pi_Q^{\mu\nu}(q)$$

$$=g^2 T\sum_{p_0}\int\frac{\mathrm{d}p_x\mathrm{d}p_y}{(2\pi)^3}\left\{e^{-\frac{2p_x^2-2p_x q_x+2p_y^2-2p_y q_y+q_x^2+q_y^2}{|q_f B|}}\times\right.$$

$$\left.\delta^\mu{}_0\left[\frac{4\pi p_0}{(m_f^2-p_0^2)^{1/2}}-\frac{4\pi(p_0-q_0)}{(m_f^2-(p_0-q_0)^2)^{1/2}}\right]\right\} \tag{5.4}$$

是非零的（其中夸克和胶子的松原频率分别为 $p_0 = -\mathrm{i}(2n_p + 1)\pi T$, $q_0 = -\mathrm{i}2n_q\pi T$, $n_p, n_q \in \mathbb{Z}$），并且在夸克质量等于零 ($m_f = 0$) 时：

$$q_\nu \Pi_Q^{\mu\nu}(q) = \delta^\mu{}_0 \times g^2 \frac{|q_f B||q_0|}{4\pi^2} \mathrm{e}^{-\frac{q_x^2 + q_y^2}{2|q_f B|}} \neq 0 \tag{5.5}$$

如果先进行松原频率求和再进行夸克三动量积分，则恒等式仍然不能被满足，例如在 $m_f = 0$ 条件下，有

$$
\begin{aligned}
& q_\nu \Pi_Q^{\mu\nu}(q) \\
\Rightarrow & \delta^\mu{}_3 \times g^2 \int \frac{\mathrm{d}^3\boldsymbol{p}}{(2\pi)^3} 2\mathrm{e}^{-\frac{2p_x^2 - 2p_x q_x + 2p_y^2 - 2p_y q_y + q_x^2 + q_y^2}{|q_f B|}} \times \\
& \left[\tanh\left(\frac{p_z}{2T}\right) - \tanh\left(\frac{p_z - q_z}{2T}\right) \right] \\
= & \delta^\mu{}_3 \times g^2 \frac{|q_f B||q_z|}{4\pi^2} \mathrm{e}^{-\frac{q_x^2 + q_y^2}{2|q_f B|}} \neq 0
\end{aligned}
\tag{5.6}
$$

仍然不等于零。虽然在强场下的最低朗道能级近似都打破了 Ward-Takahashi 恒等式，但松原频率求和与三动量积分的不同顺序会得到不同的结果，这种现象导致了研究松原频率级数的一致收敛性的重要性。

5.2　弱外磁场情况

在本节中，考虑弱均匀外磁场情况时，可以按照 $q_f B$ 阶展开。本书首先引入轴对称的径向指数衰减的外磁场，使得外磁场的磁矢量可以在动量空间表示出来，并建立其在动量空间中弱磁场展开的费曼规则。然后将衰减长度取为无穷大，在此极限下，外磁场变为均匀场。这样，后续内容就可以在弱场展开的每一阶验证 Ward-Takahashi 恒等式。

5.2.1　指数衰减的外磁场

引入外磁场的过程应做以下代换：

$$\mathrm{i}\slashed{\partial} \to \mathrm{i}\slashed{\partial} + q_f \slashed{A}_\mathrm{E} \tag{5.7}$$

在夸克的拉格朗日密度中，A_E^μ 是磁矢势。为了研究重味夸克的拉格朗日量，可以先把轻味夸克的场积分掉，从而引入轻味夸克贡献的胶子自能，

由于此时轻味夸克的传播子中含有外场的磁矢势，因而会在胶子的自能项中引入磁效应：

$$
\int \mathscr{D}G_\mu^a \int \mathscr{D}\bar{\Psi}_h \mathscr{D}\Psi_h \int \mathscr{D}\bar{\Psi}_l \mathscr{D}\Psi_l \times
$$

$$
\mathrm{e}^{\mathrm{i}\int \mathrm{d}^4 x\left[\mathscr{L}_{\mathrm{YM}}+\mathscr{L}_{\mathrm{hq}}+\bar{\Psi}(\mathrm{i}\slashed{\partial}+q_f\slashed{A}_{\mathrm{E}}-m_f+g\slashed{G}_a T^a)\Psi\right]}
$$

$$
=\int \mathscr{D}G_\mu^a \int \mathscr{D}\bar{\Psi}_h \mathscr{D}\Psi_h \times
$$

$$
\mathrm{e}^{\mathrm{i}\int \mathrm{d}^4 x\left\{\mathscr{L}_{\mathrm{YM}}+\mathscr{L}_{\mathrm{hq}}+\mathrm{Tr}\ln[S_{\mathrm{E}}^{-1}(1+gS_{\mathrm{E}}\slashed{G}_a T^a)]\right\}} \tag{5.8}
$$

其中，G_μ^a、Ψ_h、Ψ_l 分别为胶子场、重味夸克场和轻味夸克场，且 $\mathscr{L}_{\mathrm{YM}}$、$\mathscr{L}_{\mathrm{hq}}$ 分别表示 Yang-Mills 场和重味夸克场的拉格朗日量部分。此外，本书在这里定义夸克场在外磁场中的完全传播子的逆为 $S_{\mathrm{E}}^{-1} \equiv \mathrm{i}\slashed{\partial}+q_f\slashed{A}_{\mathrm{E}}-m_f$。对应的胶子自能来自于轻味夸克积分所得的 $\mathrm{Tr}\ln[S_{\mathrm{E}}^{-1}(1+gS_{\mathrm{E}}\slashed{G}_a T^a)]$ 项的二阶弱耦合常数展开，即

$$
\mathrm{Tr}\ln[S_{\mathrm{E}}^{-1}(1+gS_{\mathrm{E}}\slashed{G}_a T^a)]
$$

$$
\approx \mathrm{Tr}\ln(S_{\mathrm{E}}^{-1}) - \frac{g^2}{2}\mathrm{Tr}\left[S_{\mathrm{E}}\slashed{G}_a T^a S_{\mathrm{E}}\slashed{G}_b T^b\right] \tag{5.9}
$$

轻味夸克贡献的胶子自能为

$$
\delta_{ab}\Pi_{\mathrm{E}}^{\mu\nu} = g^2 \mathrm{Tr}\left[S_{\mathrm{E}}\gamma^\mu T_a S_{\mathrm{E}}\gamma^\nu T_b\right] \tag{5.10}
$$

在有限温度场论中，夸克在弱外磁场中的传播子在动量空间可以写成如下形式：

$$
\frac{1}{\slashed{p}-m_f+q_f\slashed{A}_{\mathrm{E}}} \equiv S_{\mathrm{E}}(p,p')
$$

$$
=\frac{1}{\slashed{p}-m_f}\delta_{p,p'} + \frac{1}{\slashed{p}-m_f}[-q_f\slashed{A}_{\mathrm{E}}(p-p')]\frac{1}{\slashed{p}'-m_f}+
$$

$$
\frac{1}{\slashed{p}-m_f}[-q_f\slashed{A}_{\mathrm{E}}(p-k)]\frac{1}{\slashed{k}-m_f}\cdot
$$

$$
[-q_f\slashed{A}_{\mathrm{E}}(k-p')]\frac{1}{\slashed{p}'-m_f} \tag{5.11}
$$

在做弱外磁场的泰勒展开时，对应的展开式关系可以用费曼图关系表示如图 5.1所示。

图 5.1　动量空间中轴对称径向指数衰减弱外磁场的费曼图泰勒展开关系

引入衰减长度为 σ 的轴对称径向衰减磁场对应的磁矢势如下:

$$A_{\mathrm{E}}^{\mu}(X) = (0, -By\mathrm{e}^{-\frac{y^2}{\sigma^2}}, 0, 0) \tag{5.12}$$

在动量空间, 使用傅里叶变换关系 $A_{\mathrm{E}}^{\mu}(p,k) = \displaystyle\int \frac{\mathrm{d}^4 X}{(2\pi)^4} \mathrm{e}^{\mathrm{i}(p-k)\cdot X} A_{\mathrm{E}}^{\mu}(X)$ 可以得到其在动量空间的表达式:

$$A_{\mathrm{E}}^{\mu}(q) \equiv A_{\mathrm{E}}^{\mu}(k+q, k)$$

$$= \left(0, \frac{\mathrm{i}B\sigma^3 q_y}{4\sqrt{\pi}} \mathrm{e}^{-\frac{\sigma^2}{4}q_y^2}, 0, 0\right)\delta(q_0)\delta(q_x)\delta(q_z) \tag{5.13}$$

在衰减长度趋于无穷 $(\sigma \to \infty)$ 的极限下, 根据狄拉克德尔塔函数的极限定义关系: $\lim\limits_{\sigma\to\infty}\dfrac{\sigma}{2\sqrt{\pi}}\mathrm{e}^{-\frac{\sigma^2}{4}x^2} = \delta(x)$ 可以得到外场磁矢势的非零项 $A_{\mathrm{E}}^1(k+q, k)$ 在动量空间的简化表示:

$$\lim_{\sigma\to\infty} \frac{\mathrm{i}B\sigma^3 q_y}{4\sqrt{\pi}} \mathrm{e}^{-\frac{\sigma^2}{4}q_y^2} = -\mathrm{i}B\frac{\partial}{\partial q_y}\delta(q_y) \tag{5.14}$$

5.2.2　与施温格传播子比较

在检验弱外磁场中的胶子自能是否符合 Ward-Takahashi 恒等式之前, 本书先将这里获得的传播子与施温格传播子[195] 进行比较。在动量空间中, 当将有限温度夸克传播子展开到弱场的第一阶 $q_f B$:

$$S_{\mathrm{E}}(p, p')$$

$$= \frac{1}{\not{p} - m_f}\delta_{p,p'} - \frac{1}{\not{p} - m_f}q_f \not{A}_{\mathrm{E}}(p, p')\frac{1}{\not{p}' - m_f} + \cdots \tag{5.15}$$

并且在衰减常数趋于无穷的情况下 $(\sigma \to \infty)$, 德尔塔函数的导数项可以等价地分为两个部分 $\delta'(p_y - p_y') \Leftrightarrow \dfrac{1}{2}\dfrac{\partial}{\partial p_y}\delta(p_y - p_y') - \dfrac{1}{2}\dfrac{\partial}{\partial p_y'}\delta(p_y - p_y')$, 此时在外磁场中的传播子为

$$S_{\mathrm{E}}(p,p') \approx \frac{1}{\not{p}-m_f}\delta^{(4)}(p-p')-$$

$$\mathrm{i}\frac{q_f B}{2}\frac{1}{\not{p}-m_f}\gamma^1\frac{1}{\not{p}'-m_f}\frac{\partial}{\partial p_y}\delta^{(4)}(p-p')+$$

$$\mathrm{i}\frac{q_f B}{2}\frac{1}{\not{p}-m_f}\gamma^1\frac{1}{\not{p}'-m_f}\frac{\partial}{\partial p_y'}\delta^{(4)}(p-p') \tag{5.16}$$

考虑到外磁矢势中引入的德尔塔函数的特性，在具体的费曼图计算中，其导数会转移到与磁矢势相乘的夸克自由传播子以及与外磁场中的完全传播子 S_{E} 相乘的其他传播子及场上。因此可以先将德尔塔函数的导数转移到与其相乘的夸克自由传播子上，再保留其作用在与完全传播子 S_{E} 相乘项上的那些项，可以得到如下结果：

$$S_{\mathrm{E}}(p,p') \approx \frac{1}{\not{p}-m_f}\delta^{(4)}(p-p')+$$

$$\mathrm{i}q_f B\frac{\gamma^1\gamma^2(\gamma\cdot p_{\parallel}+m_f)}{(p^2-m_f^2)^2}\delta^{(4)}(p-p')-$$

$$\mathrm{i}\frac{q_f B}{2}\frac{1}{\not{p}'-m_f}\gamma^1\frac{1}{\not{p}'-m_f}\frac{\partial}{\partial p_y}\delta^{(4)}(p-p')+$$

$$\mathrm{i}\frac{q_f B}{2}\frac{1}{\not{p}-m_f}\gamma^1\frac{1}{\not{p}-m_f}\frac{\partial}{\partial p_y'}\delta^{(4)}(p-p') \tag{5.17}$$

5.3　胶子自能与 Ward-Takahashi 恒等式

5.3.1　胶子自能的弱场展开

本节将夸克传播子的外磁场顶点表示为图 5.2所示的费曼图形式。其中，由波浪线连接的内部有一个叉的圆圈表示外磁场，其动量用 $\tilde{p}^{\mu}$ 表示；p、p' 分别表示左边及右边夸克线的四动量，且 $\tilde{p}_y = p_y - p_y'$。

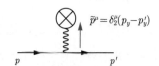

$$\tilde{p}^{\mu} = \delta_2^{\mu}(p_y - p_y')$$

图 5.2　外磁场顶点的费曼图表示

同时，相应的费曼规则给出外磁场顶点贡献为 $-q_f A_{\mathrm{E}}(p-p')$。此时夸克贡献的单圈胶子自能展开到 $(q_f B)^2$ 阶的费曼图如图 5.3 所示。

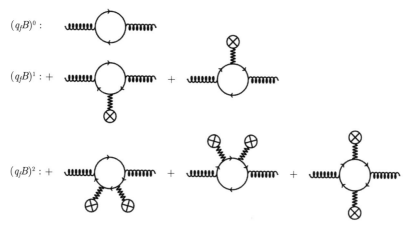

图 5.3　弱场展开到第二阶的单圈夸克贡献胶子自能费曼图表示

在图 5.3中，第 $(q_f B)^0$ 阶的胶子自能回到零外磁场的情况，自然符合 Ward-Takahashi 恒等式，所以在以下内容中，本书将主要关注胶子自能一阶和二阶弱磁场展开的情况。

5.3.2　一阶弱场展开项

在考虑了费曼图中电荷共轭变换的反对称性后可以看到，夸克圈对胶子自能的一阶（$q_f B$）贡献为零。如图 5.4所示，在每个夸克的自由传播子和顶点引入的伽马矩阵之间插入 $C^{-1}C$ 算符（其中 $C \equiv \mathrm{i}\gamma^2\gamma^0 = -C^{-1}$），可以把费曼圈图拆分成几个组合的乘积，每个组合都是夸克传播子与顶点伽马矩阵在荷共轭变换下的结果，如式（5.18）中等号左边方括号里的表达式。根据共轭变换关系 $C\gamma_\mu C^{-1} = -\gamma_\mu^{\mathrm{T}}$ 以及求迹函数内部的矩阵转置对称性，这个组合转变为夸克自由传播子与顶点伽马矩阵的倒序形式，不过倒序形式中的夸克传播子的质量项变为负质量 $-m_f$。

$$\left[C \frac{1}{\not{p} + \not{k} - m_f} C^{-1} C \gamma_\mu C^{-1} \right]^{\mathrm{T}} = \gamma_\mu \frac{1}{\not{p} + \not{k} + m_f} \tag{5.18}$$

接下来对动量进行变量代换 $p \to -p$，最终效果是改变夸克传播子和顶点的顺序，只是夸克传播子中的动量 k^μ 被其负值 $-k^\mu$ 替代，并且会有一

个整体的负号的贡献:

$$\gamma_\mu \frac{1}{\not p + \not k + m_f} \Rightarrow -\gamma_\mu \frac{1}{\not p - \not k - m_f} \tag{5.19}$$

以上操作(记为操作①)的最终结果可以用图 5.4 中右侧的费曼图表示。

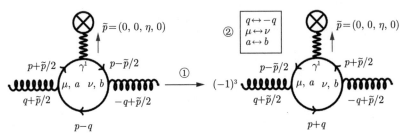

图 5.4　一阶 $(q_f B)$ 夸克贡献的胶子自能

注:在插入荷共轭变换算符并考虑胶子自能的 $(q, \mu, a) \leftrightarrow (-q, \nu, b)$ 变换对称性后,
显示该项等于其负值,因此为零。

考虑到式(5.9)中胶子自能项的积分形式,可以进一步考虑求和指标的交换对称性 $(q, \mu, a) \leftrightarrow (-q, \nu, b)$,记为操作②。而图 5.4 中右侧的费曼图在操作②下变得与左边的费曼图完全一样,但是整体会多出来一个负号 $(-1)^3$。因此,式(5.9)中夸克贡献的胶子自能的一阶($q_f B$)展开项为零。接下来只需要检查更高阶情况的 Ward-Takahashi 恒等式。

5.3.3　二阶弱场展开的 Ward-Takahashi 恒等式

5.3.3.1　含有两个胶子场的一阶导数的胶子自能相关项

在检查二阶 $(q_f B)^2$ 的 Ward-Takahashi 恒等式之前,必须先行处理胶子自能相关项中德尔塔函数的导数被转移到胶子场上的情况。在接下来的段落中,本书先考虑外磁场顶点中所有两个德尔塔函数的导数都转移到两个胶子场的情况(图 5.5),且每个胶子场都为一阶导数。

根据偏导关系式(5.20):

$$\frac{\partial}{\partial p_x}\left[\frac{1}{\not p + \not k - m_f}\right] = \frac{1}{\not p + \not k - m_f}\gamma^1 \frac{1}{\not p + \not k - m_f} \tag{5.20}$$

可以检查这些费曼图的总和正好等于一个关于积分变量 $\boldsymbol{p}$($p^\mu \equiv (p_0, \boldsymbol{p})$)的第 $\mu = 1$ 分量 p_x 全微分形式的动量积分结果,这意味着涉及两个胶子场各一个一阶偏导数的二阶弱场 $(q_f B)^2$ 展开的贡献相互抵消，并且对于两个导数均作用到同一个胶子场的情况，可以得出相同的结论。

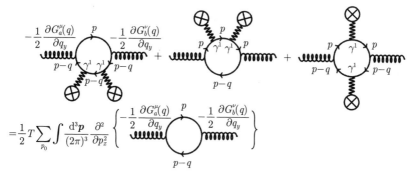

图 5.5 夸克贡献的胶子自能的二阶弱场 $(q_f B)^2$ 展开项

注：所有外部磁矢势中的德尔塔函数的导数都被转移到两个胶子场，且每个胶子场都是一阶导数的情况。第一行的图是一般的费曼图，而当从第二行的费曼图中提取出三动量积分和松原频率求和部分，此时该图的二阶导数正好等于第一行的费曼图之和。此全微分关于 p_x 积分为零，这是因为大括号内的图的一阶导数在 $p_x \to \infty$ 的极限下等于零。

5.3.3.2 只含有一个胶子场的一阶导数的胶子自能相关项

现考虑夸克贡献的胶子自能的二阶 $(q_f B)^2$ 展开项中只涉及一个胶子场的一阶导数的情况。如图 5.6所示，由于这一部分的费曼图求和可以表示为关于动量 p_x 的全微分形式，且其原函数在 $p_x \to \infty$ 的极限下为零，这使得对 p_x 的积分仍然为零。

因此，所有存在外磁矢势中的德尔塔函数的导数转移到外胶子场情况的图相互抵消，胶子的自能计算到第二阶弱场展开的结果应该与施温格夸克传播子计算的结果一致。

5.3.3.3 检验二阶弱场展开 Ward-Takahashi 恒等式

在本节中，我们考虑将外磁矢势中的所有德尔塔函数的导数都转移到夸克传播子的情况。提取胶子自能 $\Pi^{\mu\nu}_{(q_f B)^2}(q)$ 的二阶 $(q_f B)^2$ 弱场展开，并检验 Ward-Takahashi 恒等式 $q_\nu \Pi^{\mu\nu}_{(q_f B)^2}(q) = 0$ 是否成立。

胶子的四动量 q_ν 乘以夸克传播子之间由夸克-夸克-胶子顶点贡献的伽马矩阵 γ^ν 的过程，可以用两个具有不同动量的夸克传播子之差来表示：

$$\frac{1}{\not{p} - \not{q} - m_f} \not{q} \frac{1}{\not{p} - m_f} = \frac{1}{\not{p} - \not{q} - m_f} - \frac{1}{\not{p} - m_f} \tag{5.21}$$

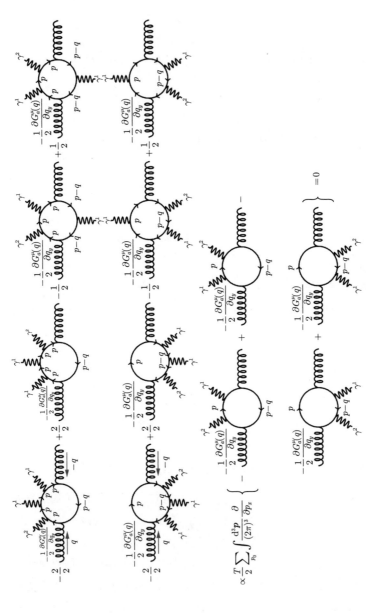

图 5.6　只有一个外部磁矢势中的德尔塔函数的导数被转移到胶子场的情况

注：夸克贡献的胶子自能的二阶 $(q_f B)^2$ 展开项。第一行左边两个费曼图，第二行左边两个费曼图和前两行剩下的四个费曼图分别来自子图 5.3 中第二阶弱场 $(q_f B)^2$ 展开的第二个费曼图。第一个费曼图、第一个费曼图和第三个费曼图。其最终得到的被积函数是关于动量分量 p_z 的全微分形式。对 p_z 的积分在这里为零，因为大括号内的图在 $p_z \rightarrow \infty$ 的极限下为零。

这一关系可以如图 5.7 用费曼图表示出来。

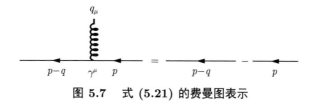

图 5.7　式 (5.21) 的费曼图表示

对于外磁矢势中的导数全部转移到夸克传播子的情况，夸克贡献的胶子自能的二阶弱场 $(q_f B)^2$ 展开所得的费曼图被展示在图 5.8、图 5.9 及图 5.10 中的第一列，使用上述关系式（5.21），这些费曼图转换为图 5.8~图 5.10 右侧两列中的费曼图形式。

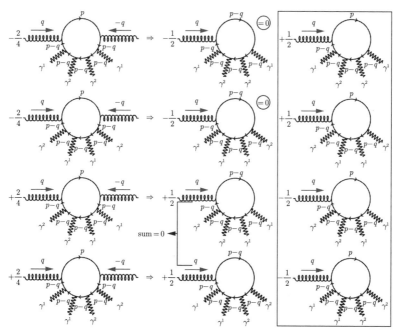

图 5.8　二阶弱场展开的 Ward-Takahashi 恒等式化简（一）

注：由图 5.3 中夸克贡献的二阶弱场 $(q_f B)^2$ 展开项的第一个费曼图计算得到的胶子自能（本图最左侧一列），以及乘以胶子四动量后，利用式 (5.21) 关系得到的费曼图展开结果（本图右侧两列）。在第二列，利用图 5.4 中用到的操作①可以得到，从上往下数前两个费曼图均为零，而后两个图相互抵消。

　　考虑到图 5.4 中使用的操作①，图 5.8 中第二列费曼图的和以及图 5.9 中第三列费曼图的和等于零，图 5.8 中被框起来的费曼图等于图 5.9 中相应被框起来的费曼图，并且图 5.10 中的第二列费曼图转变为第三列相应的费曼图。

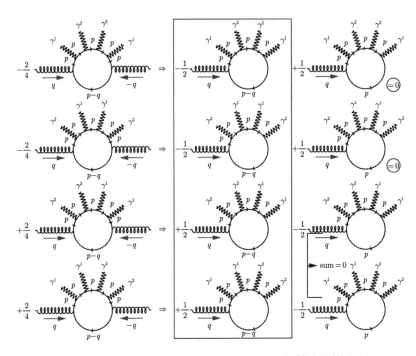

图 5.9　二阶弱场展开的 Ward-Takahashi 恒等式化简（二）

注：由图 5.3中夸克贡献的二阶弱场 $(q_f B)^2$ 展开项的第二个费曼图计算得到的胶子自能（本图最左侧一列），以及乘以胶子四动量后，利用式（5.21）关系得到的费曼图展开结果（本图右侧两列）。在第三列，利用图 5.4中用到的操作①可以得到，从上往下数前两个费曼图均为零，后两个图相互抵消。

　　框起来的非零项的总和可以化简为两个分别关于积分变量 $\boldsymbol{p}$ 的第 $\mu = 2$ 和 $\mu = 1$ 动量分量 p_y、p_x 的全微分函数的积分，如图 5.11所示。在 $p_y, p_x \to \infty$ 极限时，图 5.11中大括号内的费曼图趋近于零，因此总积分贡献等于零，Ward-Takahashi 恒等式 $q_\nu \Pi^{\mu\nu}_{(q_f B)^2}(q) = 0$ 可以被满足。

　　这里要强调的是，在检验 Ward-Takahashi 恒等式的过程中，本书默认使用的方法是先进行三动量积分后进行松原频率求和。考虑到交换积分与求和的顺序可能会牵涉到对一致收敛性的讨论，并得到不一致的结果（见式 (5.5) 与式 (5.6)），本书后续章节将谨慎对待这一顺序，在后面的计算中继续使用先积分后求和的处理方法。

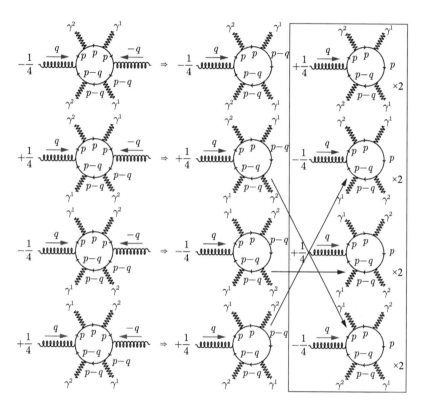

图 5.10　二阶弱场展开的 Ward-Takahashi 恒等式化简（三）

注：由图 5.3 中夸克贡献的二阶弱场 $(q_f B)^2$ 展开项的第三个费曼图计算得到的胶子自能（本图最左侧一列），以及乘以胶子四动量后，利用式（5.21）关系得到的费曼图展开结果（本图右侧两列）。利用图 5.4 中用到的操作①，第二列的费曼图可以变为第三列中对应的费曼图，对应关系用箭头标出。

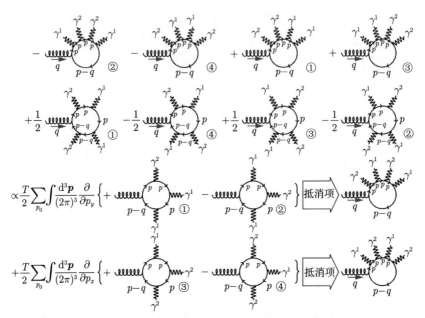

图 5.11 在图 5.7 所示变换下的非零费曼图

注：带圆圈的数字表示前两行中由第三行、第四行中相同图求导计算得到的费曼图。这些项的总效应可以表示为两个分别关于积分变量 p 的第 $\mu=2$ 和 $\mu=1$ 动量分量 p_y、p_x 的全微分函数的积分。全微分中存在两个被抵消的项，被绘制在第三行和第四行的最右侧。由于在 $p_y, p_x \to \infty$ 极限下，大括号中的两项分别为零，因此上述全微分的积分为零。

5.4 屏蔽质量

在本节中，我们根据夸克贡献的胶子自能的二阶弱场 $(q_f B)^2$ 展开来计算德拜屏蔽质量。由于二阶胶子自能满足 Ward-Takahashi 恒等式，它可以由投影张量 $P_\mathrm{T}^{\mu\nu}$ 和 $P_\mathrm{L}^{\mu\nu}$ 表示为[23]

$$\Pi_{(q_f B)^2}^{\mu\nu}(q) = \Pi_{(q_f B)^2}^{\mathrm{T}}(q) P_\mathrm{T}^{\mu\nu} + \Pi_{(q_f B)^2}^{\mathrm{L}}(q) P_\mathrm{L}^{\mu\nu} \tag{5.22}$$

其中的投影张量定义为

$$\begin{cases} P_\mathrm{T}^{00} = P_\mathrm{T}^{0i} = P_\mathrm{T}^{i0} = 0 \\[2mm] P_\mathrm{T}^{ij} = -\delta^{ij} + \dfrac{q^i q^j}{|\boldsymbol{q}|^2}, \quad i,j = 1,2,3 \\[2mm] P_\mathrm{L}^{\mu\nu} = g^{\mu\nu} - \dfrac{q^\mu q^\nu}{q^2} - P_\mathrm{T}^{\mu\nu} \end{cases} \tag{5.23}$$

并且待定的参数函数 $\Pi^{\mathrm{T}}_{(q_f B)^2}(q)$、$\Pi^{\mathrm{L}}_{(q_f B)^2}(q)$ 分别被称为 "横向自能" 和 "纵向自能"。根据这些投影算符的特性，可以由胶子自能计算出纵向和横向自能参数函数：

$$\Pi^{\mathrm{L}}_{(q_f B)^2}(q) = -\frac{q^2}{|\boldsymbol{q}|^2} \Pi^{00}_{(q_f B)^2}(q) \tag{5.24}$$

$$\Pi^{\mathrm{T}}_{(q_f B)^2}(q) = \frac{1}{2}\left[\frac{q_0^2}{|\boldsymbol{q}|^2} \Pi^{00}_{(q_f B)^2}(q) - \sum_{i=1}^{3} \Pi^{ii}_{(q_f B)^2}(q)\right] \tag{5.25}$$

与文献 [23] 中定义的德拜屏蔽质量相比，纵向和横向屏蔽质量可以定义为

$$m_{\mathrm{L}}^2 = -\lim_{|\boldsymbol{q}|\to 0} \Pi^{\mathrm{L}}(q_0 = 0, \boldsymbol{q}) \tag{5.26}$$

$$m_{\mathrm{T}}^2 = -\lim_{|\boldsymbol{q}|\to 0} \Pi^{\mathrm{T}}(q_0 = 0, \boldsymbol{q}) \tag{5.27}$$

而屏蔽质量的二阶弱场展开贡献的纵向与横向屏蔽质量分别为

$$m_{(q_f B)^2,\mathrm{L}}^2 = -\lim_{|\boldsymbol{q}|\to 0} \Pi^{00}_{(q_f B)^2}(q_0 = 0, \boldsymbol{q}) \tag{5.28}$$

$$m_{(q_f B)^2,\mathrm{T}}^2 = -\frac{1}{2}\lim_{|\boldsymbol{q}|\to 0} \sum_{i=1}^{3} \Pi^{ii}_{(q_f B)^2}(q_0 = 0, \boldsymbol{q}) \tag{5.29}$$

因此可以在夸克的三动量 ($\boldsymbol{p}$) 积分和松原频率求和之前将胶子的动量先行取为零（$q = 0$），对应的费曼图如图 5.12 所示，根据关系式（5.10），这些费曼图给出了胶子动量为零时（$q = 0$），二阶弱场贡献的胶子自能：

$$\Pi^{00}_{(q_f B)^2}(q = 0)$$
$$= -\frac{g^2 q_f^2 B^2}{2} T\sum_{p_0}\int\frac{\mathrm{d}^3\boldsymbol{p}}{(2\pi)^3}\left[\frac{4(p_{||}^2 - m_f^2)}{(p^2 - m_f^2)^4} + \frac{8p_0^2(-p_{||}^2 + m_f^2 + 5p_\perp^2)}{(p^2 - m_f^2)^5}\right]$$
$$\tag{5.30}$$

$$\sum_{i=1}^{3} \Pi^{ii}_{(q_f B)^2}(q = 0)$$
$$= -\frac{g^2 q_f^2 B^2}{2} T\sum_{p_0}\int\frac{\mathrm{d}^3\boldsymbol{p}}{(2\pi)^3}\left[\frac{8p_z^2(-p_{||}^2 + m_f^2 + 5p_\perp^2)}{(p^2 - m_f^2)^5} - \right.$$

$$\frac{4(p_\parallel^2 - m_f^2)(-p_\parallel^2 + m_f^2 - 7p_\perp^2)}{(p^2 - m_f^2)^5} \Bigg] \tag{5.31}$$

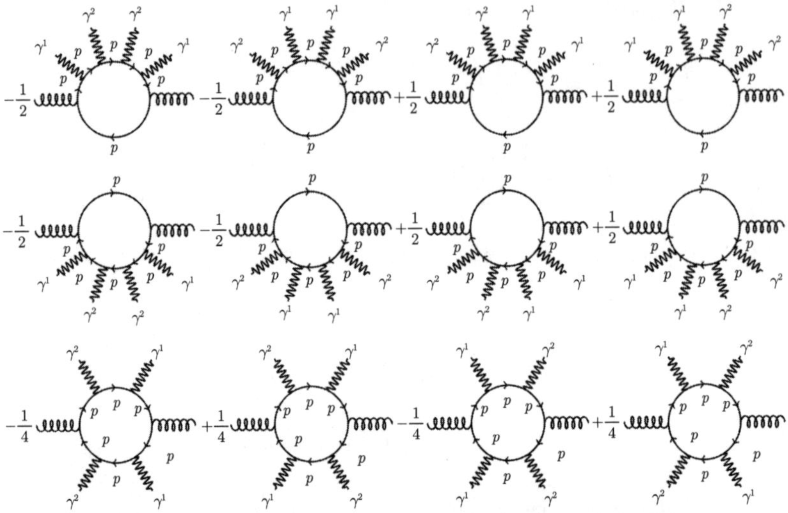

图 5.12　均匀外磁场中的二阶弱场展开德拜屏蔽质量

注：在均匀外磁场中、外场胶子四动量为零（$q = 0$）时，夸克贡献的胶子自能的二阶弱场 $(q_f B)^2$ 展开。

在轻夸克质量极限 $m_f \to 0$ 下，在松原频率求和前对三动量（$\boldsymbol{p}$）进行积分，计算得到，在二阶弱场展开时只存在纵向屏蔽压低作用：

$$m_{(q_f B)^2,\mathrm{L}}^2 = \frac{7g^2 q_f^2 B^2 \zeta(3)}{48\pi^4 T^2} \tag{5.32}$$

$$m_{(q_f B)^2,\mathrm{T}}^2 = 0 \tag{5.33}$$

换言之，结合之前的计算结果[23,145]，对应的德拜屏蔽质量到二阶弱场 $(q_f B)^2$ 展开的贡献为

$$m_\mathrm{D}^2 = g^2 \left(\frac{N_c}{3} + \frac{N_f}{6} \right) T^2 + g^2 \sum_f \left(\frac{\mu_f^2}{2\pi^2} + \frac{7q_f^2 B^2 \zeta(3)}{48\pi^4 T^2} \right) \tag{5.34}$$

5.5　小　　结

在本章中我们利用轴对称、沿径向指数衰减的外磁场得到磁矢势的动量空间形式，并考虑其中夸克传播子的弱场展开。然后使衰减指数趋于

无穷，考虑在均匀弱外磁场中的夸克传播子的形式，并将其与施温格计算所得的传播子进行比较，发现在施温格传播子的基础上还会多出一些关于德尔塔函数的导数项。进一步，本章考虑了夸克贡献的胶子自能的弱场展开形式，并逐阶验证其是否满足 Ward-Takahashi 恒等式。最后，利用满足恒等式的胶子自能形式，可以计算出其横向与纵向自能，并最终求得其屏蔽质量贡献。

第 6 章　总结和展望

6.1　研 究 总 结

本书主要介绍了 QCD 物质中重味夸克物理的相关研究。包括非相对论量子色动力学理论、四夸克态的双介子分子势、热密介质中的胶子自能研究以及磁场中的规范不变性和屏蔽质量问题。

在非相对论量子色动力学（NRQCD）理论中，本书利用广义的 Foldy-Wouthuysen-Tani 变换方法，考虑相对论性旋量场与动量为零的静止旋量场之间的关系；同时，结合重味夸克有效理论提出的相关场、非相关场方法，积分掉非相关场后，在相关场的有效拉格朗日密度中，质量出现在分母上，可以进行大质量的倒数展开。在 QCD 理论中，夸克场对应的是费曼图的外线旋量场，而在 NRQCD 中，进一步考虑相关场在静止场附近的微扰展开，静止场对应的是静止的旋量场。根据在夸克质量趋于无穷时，NRQCD 的拉格朗日密度应只包含静止场部分这一结论，而对应的旋量场应为静止旋量场，且依次的质量倒数高阶项展开应一一对应，由此可建立匹配规则计算相应的顶点系数。进一步，可以在 NRQCD 的基础上引入重味夸克的相互作用势，得到有相互作用势的 NRQCD 理论，即 pNRQCD。

重味夸克的势模型中需要考虑其非微扰效应。格点量子色动力学理论的计算得出介子内部的夸克-反夸克间相互作用势为康奈尔势，即库仑势加线性势的形式。利用单胶子交换模型修正的康奈尔势，以及重味四夸克态的两种双介子分子态模型的叠加态混合程度关于夸克位置构型的依赖关系，可以从重味四夸克态中抽出某一种双介子分子态间的相互作用势。本书考虑了最简单的基态介子分子态结合成基态双介子耦合态。结果显示在距离较短时其为吸引势，可以形成束缚态；而在距离达到一定长度时其为排斥势，将不能形成四夸克束缚态，转而衰变为两个介子。

对于介质中的重味夸克而言，它们之间的相互作用势与胶子自能有着密切关系。而在高密有效理论中，计算胶子自能常用的方法是硬密圈近似。这一方法限制了胶子的动量，要求胶子动量的松原频率的绝对值以及胶子三动量的模长均远小于夸克的化学势。这一要求在一些需要计算胶子动量积分的过程中不能得到满足。在本书的计算中，我们利用能量投影算符的方法，减除了独立于介质的真空基态能部分，得到了对温度与化学势没有大小限制的胶子自能结果。结果显示硬密圈近似方法所得的胶子自能是本书所得结果的化学势倒数展开的第零阶展开。本书将计算所得的胶子自能用于计算系统的热力学势，并给出了其关于耦合常数的依赖关系。

最后，本书考虑了有外磁场情况时的胶子屏蔽质量。在使用有限温度场论路径积分时，在夸克部分的拉格朗日密度中加上外磁矢势。在考虑重味夸克的性质时，可以先行积分掉轻味夸克场，这一部分的积分贡献会产生胶子自能项，并对重味夸克产生屏蔽效应，这一部分的屏蔽质量将会包含有外场的作用。在此过程中，我们需要考虑计算所得的胶子自能是否符合 Ward-Takahashi 恒等式。在弱场展开下，本书逐阶验证了胶子自能的弱场展开到第二阶，指出需要在此考虑松原频率求和的一致收敛性，并要求松原频率和需在三动量积分之后进行。在此要求下，本书得到了屏蔽质量的二阶弱场展开结果。

6.2　研究展望

在解析上，应继续拓展 NRQCD，考虑其在有化学势情况下的形式，并研究介质密度对于夸克物质的影响，这一工作将会是对 NRQCD 理论的拓展，将更加准确地描述处于轻夸克介质中的重味夸克的状态。在之前的工作中，本书已经准确计算了 NRQCD 在没有化学势情况下的拉格朗日量，包括相互作用项和相应的系数，并且可以推广到任意阶的 NRQCD 拉格朗日量展开。未来会基于这项工作引入化学势，此过程会很直接，只不过需要经过大量繁杂的数学计算。

再者就是考虑有外磁场的情况。在之前的工作中，本书已经验证了外磁场中的规范不变性，考虑了弱场以及强场情况下胶子自能所满足的 Ward-Takahashi 恒等式的问题。未来计划在数学上系统地验证外磁场弱场展开的任意阶是否均满足 Ward-Takahashi 恒等式，从而验证外磁场在任意阶弱场展开情况下，理论中的规范不变性问题。由于之前的工作已经验证胶子自能关于弱场展开到前两阶均符合 Ward-Takahashi 恒等式，未来计划使用数学归纳法，证明由低阶项满足 Ward-Takahashi 恒等式可以推理得到高阶项也满足 Ward-Takahashi 恒等式，并且探讨这种展开和施温格计算得到的夸克传播子计算的胶子自能是否等价。基于正确的结果，将给出外磁场中胶子形成的各项异性的色屏蔽效应的解释，并与格点量子色动力学理论计算的结果相比对。

参 考 文 献

[1] ALFORD M G, RAJAGOPAL K, WILCZEK F. QCD at finite baryon density: Nucleon droplets and color superconductivity[J]. Phys. Lett. B, 1998, 422:247-256.

[2] BUBALLA M. NJL model analysis of quark matter at large density[J]. Phys. Rept., 2005, 407:205-376.

[3] SHURYAK E V. Quantum chromodynamics and the theory of superdense matter[J]. Phys. Rept., 1980, 61:71-158.

[4] STEPHANOV M A, RAJAGOPAL K, SHURYAK E V. Signatures of the tricritical point in QCD[J]. Phys. Rev. Lett., 1998, 81:4816-4819.

[5] ALFORD M G, SCHMITT A, RAJAGOPAL K, et al. Color superconductivity in dense quark matter[J]. Rev. Mod. Phys., 2008, 80:1455-1515.

[6] RAJAGOPAL K, WILCZEK F. The condensed matter physics of QCD[M]. [S.l.;s.n.],2000:2061-2151.

[7] DE FORCRAND P, PHILIPSEN O. The QCD phase diagram for small densities from imaginary chemical potential[J]. Nucl. Phys. B, 2002, 642: 290-306.

[8] KARSCH F. Lattice QCD at high temperature and density[J]. Lect. Notes Phys., 2002, 583:209-249.

[9] CASALDERREY-SOLANA J, LIU H, MATEOS D, et al. Gauge/string duality, hot QCD and heavy ion collisions[M]. [S.l.]: Cambridge University Press, 2014.

[10] CASSING W, BRATKOVSKAYA E L. Hadronic and electromagnetic probes of hot and dense nuclear matter[J]. Phys. Rept., 1999, 308:65-233.

[11] ALLTON C R, EJIRI S, HANDS S J, et al. The QCD thermal phase transition in the presence of a small chemical potential[J]. Phys. Rev. D, 2002, 66:074507.

[12] FUKUSHIMA K, HATSUDA T. The phase diagram of dense QCD[J]. Rept. Prog. Phys., 2011, 74:014001.

[13] BERGES J, RAJAGOPAL K. Color superconductivity and chiral symmetry restoration at nonzero baryon density and temperature[J]. Nucl. Phys. B, 1999, 538:215-232.

[14] HALASZ A M, JACKSON A D, SHROCK R E, et al. On the phase diagram of QCD[J]. Phys. Rev. D, 1998, 58:096007.

[15] D'ELIA M, LOMBARDO M P. Finite density QCD via imaginary chemical potential[J]. Phys. Rev. D, 2003, 67:014505.

[16] KARSCH F, LAERMANN E, PEIKERT A. Quark mass and flavor dependence of the QCD phase transition[J]. Nucl. Phys. B, 2001, 605:579-599.

[17] SON D T, STEPHANOV M A. QCD at finite isospin density[J]. Phys. Rev. Lett., 2001, 86:592-595.

[18] RAJAGOPAL K, WILCZEK F. Static and dynamic critical phenomena at a second order QCD phase transition[J]. Nucl. Phys. B, 1993, 399:395-425.

[19] STEPHANOV M A. QCD phase diagram and the critical point[J]. Prog. Theor. Phys. Suppl., 2004, 153:139-156.

[20] FUKUSHIMA K. Phase diagrams in the three-flavor Nambu-Jona-Lasinio model with the Polyakov loop[J]. Phys. Rev. D, 2008, 77:114028.

[21] BLAIZOT J P, IANCU E. The Quark gluon plasma: Collective dynamics and hard thermal loops[J]. Phys. Rept., 2002, 359:355-528.

[22] DE FORCRAND P. Simulating QCD at finite density[J]. PoS, 2009, LAT2009:010.

[23] LE BELLAC M. Cambridge monographs on mathematical physics: Thermal field theory[M]. [S.l.]:Cambridge University Press, 1996.

[24] KAPUSTA J I, GALE C. Cambridge monographs on mathematical physics: Finite-temperature field theory: Principles and applications[M]. [S.l.]: Cambridge University Press, 2011.

[25] WILSON K G. Confinement of quarks[J]. Phys. Rev. D, 1974, 10:2445-2459.

[26] MOORE G D, TEANEY D. How much do heavy quarks thermalize in a heavy ion collision?[J]. Phys. Rev. C, 2005, 71:064904.

[27] KACZMAREK O, ZANTOW F. Static quark anti-quark interactions in zero and finite temperature QCD. I. Heavy quark free energies, running coupling and quarkonium binding[J]. Phys. Rev. D, 2005, 71:114510.

[28] CHATRCHYAN S, et al. Suppression of non-prompt J/ψ, prompt J/ψ, and Y(1S) in PbPb collisions at $\sqrt{s_{NN}} = 2.76$ TeV[J]. JHEP, 2012, 05:063.

[29] VAN HEES H, GRECO V, RAPP R. Heavy-quark probes of the quark-gluon plasma at RHIC[J]. Phys. Rev. C, 2006, 73:034913.

[30] VAN HEES H, MANNARELLI M, GRECO V, et al. Nonperturbative heavy-

quark diffusion in the quark-gluon plasma[J]. Phys. Rev. Lett., 2008, 100: 192301.

[31] RAPP R, BLASCHKE D, CROCHET P. Charmonium and bottomonium production in heavy-ion collisions[J]. Prog. Part. Nucl. Phys., 2010, 65: 209-266.

[32] DONG X, LEE Y J, RAPP R. Open heavy-flavor production in heavy-ion collisions[J]. Ann. Rev. Nucl. Part. Sci., 2019, 69:417-445.

[33] BRAMBILLA N, et al. Heavy quarkonium physics[J]. arXiv: hep-ph/0412158, 2004.

[34] ISGUR N, WISE M B. Weak transition form-factors between heavy mesons [J]. Phys. Lett. B, 1990, 237:527-530.

[35] BRAMBILLA N, PINEDA A, SOTO J, et al. Effective field theories for heavy quarkonium[J]. Rev. Mod. Phys., 2005, 77:1423.

[36] AKMAL A, PANDHARIPANDE V R, RAVENHALL D G. The equation of state of nucleon matter and neutron star structure[J]. Phys. Rev. C, 1998, 58:1804-1828.

[37] LATTIMER J M, PRAKASH M. Neutron star structure and the equation of state[J]. Astrophys. J., 2001, 550:426.

[38] WIRINGA R B, FIKS V, FABROCINI A. Equation of state for dense nucleon matter[J]. Phys. Rev. C, 1988, 38:1010-1037.

[39] ABBOTT B P, et al. GW170817: Measurements of neutron star radii and equation of state[J]. Phys. Rev. Lett., 2018, 121(16):161101.

[40] LI L X, PACZYNSKI B. Transient events from neutron star mergers[J]. Astrophys. J. Lett., 1998, 507:L59.

[41] FRIEDMAN B, PANDHARIPANDE V R. Hot and cold, nuclear and neutron matter[J]. Nucl. Phys. A, 1981, 361:502-520.

[42] DOUCHIN F, HAENSEL P. A unified equation of state of dense matter and neutron star structure[J]. Astron. Astrophys., 2001, 380:151.

[43] GLENDENNING N K. First order phase transitions with more than one conserved charge: Consequences for neutron stars[J]. Phys. Rev. D, 1992, 46:1274-1287.

[44] WEBER F. Strange quark matter and compact stars[J]. Prog. Part. Nucl. Phys., 2005, 54:193-288.

[45] BAYM G, BETHE H A, PETHICK C. Neutron star matter[J]. Nucl. Phys. A, 1971, 175:225-271.

[46] OERTEL M, HEMPEL M, KLÄHN T, et al. Equations of state for supernovae and compact stars[J]. Rev. Mod. Phys., 2017, 89(1):015007.

[47] CARLSON J, GANDOLFI S, PEDERIVA F, et al. Quantum Monte Carlo methods for nuclear physics[J]. Rev. Mod. Phys., 2015, 87:1067.

[48] WANG W Y, WU Y L. A consistent calculation of heavy meson decay constants and transition wave functions in the complete HQEFT[J]. Int. J. Mod. Phys. A, 2001, 16:377-408.

[49] LUKE M E, MANOHAR A V. Reparametrization invariance constraints on heavy particle effective field theories[J]. Phys. Lett. B, 1992, 286:348-354.

[50] BRAATEN E. Introduction to the NRQCD factorization approach to heavy quarkonium[C]//3rd International Workshop on Particle Physics Phenomenology. [S.l.:s.n.], 1996.

[51] GONCALVES B. Some aspects of the exact Foldy-Wouthuysen transformation for a Dirac fermion[J]. Int. J. Mod. Phys. A, 2009, 24:1717-1720.

[52] WEINBERG S. The quantum theory of fields. Vol. 1: Foundations[M]. [S.l.]: Cambridge University Press, 2005.

[53] HILL R J, LEE G, PAZ G, et al. NRQED Lagrangian at order $1/M^4$[J]. Phys. Rev. D, 2013, 87:053017.

[54] MANOHAR A V. The HQET / NRQCD Lagrangian to order alpha / m-3 [J]. Phys. Rev. D, 1997, 56:230-237.

[55] DYE S P, GONDERINGER M, PAZ G. Elements of QED-NRQED effective field theory: II. Matching of contact interactions[J]. Phys. Rev. D, 2019, 100(5):054010.

[56] GERLACH M, MISHIMA G, STEINHAUSER M. Matching coefficients in nonrelativistic QCD to two-loop accuracy[J]. Phys. Rev. D, 2019, 100(5): 054016.

[57] JAFFE R L. Multi-quark hadrons. 1. The phenomenology of (2 quark 2 anti-quark) mesons[J]. Phys. Rev. D, 1977, 15:267.

[58] ADER J P, RICHARD J M, TAXIL P. Do narrow heavy multi - quark states exist?[J]. Phys. Rev. D, 1982, 25:2370.

[59] ZOUZOU S, SILVESTRE-BRAC B, GIGNOUX C, et al. Four quark bound states[J]. Z. Phys. C, 1986, 30:457.

[60] BADALIAN A M, IOFFE B L, SMILGA A V. Four quark states in the heavy quark system[J]. Nucl. Phys. B, 1987, 281:85.

[61] BRINK D M, STANCU F. Tetraquarks with heavy flavors[J]. Phys. Rev. D, 1998, 57:6778-6787.

[62] WEINSTEIN J D, ISGUR N. K anti-K Molecules[J]. Phys. Rev. D, 1990, 41:2236.

[63] NIELSEN M, NAVARRA F S, LEE S H. New charmonium states in QCD

sum rules: A concise review[J]. Phys. Rept., 2010, 497:41-83.

[64] BRAMBILLA N, et al. Heavy quarkonium: Progress, puzzles, and opportunities[J]. Eur. Phys. J. C, 2011, 71:1534.

[65] BEREZHNOY A V, LUCHINSKY A V, NOVOSELOV A A. Tetraquarks composed of 4 heavy quarks[J]. Phys. Rev. D, 2012, 86:034004.

[66] ESPOSITO A, GUERRIERI A L, PICCININI F, et al. Four-quark hadrons: An updated review[J]. Int. J. Mod. Phys. A, 2015, 30:1530002.

[67] YUAN C Z. Study of the XYZ states at the BESⅢ[J]. Front. Phys. (Beijing), 2015, 10(6):101401.

[68] HOSAKA A, IIJIMA T, MIYABAYASHI K, et al. Exotic hadrons with heavy flavors: X, Y, Z, and related states[J]. PTEP, 2016, 2016(6):062C01.

[69] KANG X W, OLLER J A. Different pole structures in line shapes of the $X(3872)$[J]. Eur. Phys. J. C, 2017, 77(6):399.

[70] KARLINER M, NUSSINOV S, ROSNER J L. $QQ\bar{Q}\bar{Q}$ states: Masses, production, and decays[J]. Phys. Rev. D, 2017, 95(3):034011.

[71] GUO F K, HANHART C, MEISSNER U G, et al. Hadronic molecules[J]. Rev. Mod. Phys., 2018, 90(1):015004.

[72] DEBASTIANI V R, NAVARRA F S. A non-relativistic model for the $[cc][\bar{c}\bar{c}]$ tetraquark[J]. Chin. Phys. C, 2019, 43(1):013105.

[73] WANG G J, MENG L, ZHU S L. Spectrum of the fully-heavy tetraquark state $QQ\bar{Q}'\bar{Q}'$[J]. Phys. Rev. D, 2019, 100(9):096013.

[74] LIU M S, LÜ Q F, ZHONG X H, et al. All-heavy tetraquarks[J]. Phys. Rev. D, 2019, 100(1):016006.

[75] CHEN X. Fully-charm tetraquarks: $cc\bar{c}\bar{c}$[J]. arXiv: hep-ph/2001.06755, 2020.

[76] YANG G, PING J, HE L, et al. Potential model prediction of fully-heavy tetraquarks $QQ\bar{Q}\bar{Q}$ ($Q = c, b$)[J]. arXiv: hep-ph/2006.13756, 2020.

[77] LÜ Q F, CHEN D Y, DONG Y B. Masses of fully heavy tetraquarks $QQ\bar{Q}\bar{Q}$ in an extended relativized quark model[J]. Eur. Phys. J. C, 2020, 80(9):871.

[78] ZHAO J, SHI S, ZHUANG P. Fully-heavy tetraquarks in a strongly interacting medium[J]. Phys. Rev. D, 2020, 102(11):114001.

[79] AAIJ R, et al. Observation of structure in the J/ψ -pair mass spectrum[J]. Sci. Bull., 2020, 65(23):1983-1993.

[80] WANG Z G. Analysis of the $QQ\bar{Q}\bar{Q}$ tetraquark states with QCD sum rules [J]. Eur. Phys. J. C, 2017, 77(7):432.

[81] CHEN W, CHEN H X, LIU X, et al. Hunting for exotic doubly hidden-charm/bottom tetraquark states[J]. Phys. Lett. B, 2017, 773:247-251.

[82] ANWAR M N, FERRETTI J, GUO F K, et al. Spectroscopy and decays of the fully-heavy tetraquarks[J]. Eur. Phys. J. C, 2018, 78(8):647.

[83] ESPOSITO A, POLOSA A D. A $bb\bar{b}\bar{b}$ di-bottomonium at the LHC?[J]. Eur. Phys. J. C, 2018, 78(9):782.

[84] BAI Y, LU S, OSBORNE J. Beauty-full tetraquarks[J]. Phys. Lett. B, 2019, 798:134930.

[85] WANG Z G, DI Z Y. Analysis of the vector and axialvector $QQ\bar{Q}\bar{Q}$ tetraquark states with QCD sum rules[J]. Acta Phys. Polon. B, 2019, 50: 1335.

[86] BICUDO P, CARDOSO M, OLIVEIRA O, et al. Lattice QCD static potentials of the meson-meson and tetraquark systems computed with both quenched and full QCD[J]. Phys. Rev. D, 2017, 96(7):074508.

[87] ZHAO J, ZHOU K, CHEN S, et al. Heavy flavors under extreme conditions in high energy nuclear collisions[J]. Prog. Part. Nucl. Phys., 2020, 114: 103801.

[88] DEL DEBBIO L, FABER M, GREENSITE J, et al. Casimir scaling versus Abelian dominance in QCD string formation[J]. Phys. Rev. D, 1996, 53: 5891-5897.

[89] GONG C, DU M C, ZHAO Q, et al. Nature of X(6900) and its production mechanism at LHCb[J]. Phys. Lett. B, 2022, 824:136794.

[90] TAWFIK A N, DIAB A M. Chiral magnetic properties of QCD phase-diagram[J]. Eur. Phys. J. A, 2021, 57(6):200.

[91] BRAUN-MUNZINGER P, WAMBACH J. The phase diagram of strongly-interacting matter[J]. Rev. Mod. Phys., 2009, 81:1031-1050.

[92] BAZAVOV A, et al. Chiral crossover in QCD at zero and non-zero chemical potentials[J]. Phys. Lett. B, 2019, 795:15-21.

[93] SCHMIDT C, SHARMA S. The phase structure of QCD[J]. J. Phys. G, 2017, 44(10):104002.

[94] FU W J, WU Y L, LIU Y X. Chiral magnetic effect and chiral phase transition[J]. Commun. Theor. Phys., 2011, 55:123-127.

[95] ALBACETE J L, MARQUET C. Gluon saturation and initial conditions for relativistic heavy ion collisions[J]. Prog. Part. Nucl. Phys., 2014, 76:1-42.

[96] IANCU E. QCD in heavy ion collisions[C]//2011 European School of High-Energy Physics. [S.l.:s.n.], 2014:197-266.

[97] AOKI Y, BORSANYI S, DURR S, et al. The QCD transition temperature: Results with physical masses in the continuum limit II[J]. JHEP, 2009, 06: 088.

[98]   HARRIS J W, MULLER B. The search for the quark - gluon plasma[J].
        Ann. Rev. Nucl. Part. Sci., 1996, 46:71-107.

[99]   JACOBS P, WANG X N. Matter in extremis: Ultrarelativistic nuclear col-
        lisions at RHIC[J]. Prog. Part. Nucl. Phys., 2005, 54:443-534.

[100]   ZSCHIESCHE D, SCHRAMM S, SCHAFFNER-BIELICH J, et al. Particle
        ratios at RHIC: Effective hadron masses and chemical freezeout[J]. Phys.
        Lett. B, 2002, 547:7-14.

[101]   RAPP R, VAN HEES H. Heavy quark diffusion as a probe of the quark-gluon
        plasma[J]. arXiv: hep-ph/0803.0901, 2008.

[102]   YEE H U, YIN Y. Realistic implementation of chiral magnetic wave in heavy
        ion collisions[J]. Phys. Rev. C, 2014, 89(4):044909.

[103]   MOHANTY B. Exploring the QCD phase diagram through high energy
        nuclear collisions: An overview[J]. PoS, 2013, CPOD2013:001.

[104]   REDLICH K. Probing QCD chiral cross over transition in heavy ion colli-
        sions with fluctuations[J]. Central Eur. J. Phys., 2012, 10:1254-1257.

[105]   SHE D, FENG S Q, ZHONG Y, et al. Chiral magnetic currents with QGP
        medium response in heavy ion collisions at RHIC and LHC energies[J]. Eur.
        Phys. J. A, 2018, 54(3):48.

[106]   LUO X, SHI S, XU N, et al. A study of the properties of the QCD phase
        diagram in high-energy nuclear collisions[J]. Particles, 2020, 3(2):278-307.

[107]   GASTINEAU F, BLANQUIER E, AICHELIN J. Critical opacity: A possi-
        ble explanation of the fast thermalisation times seen in RHIC experiments
        [J]. Phys. Rev. Lett., 2005, 95:052001.

[108]   BURGIO G F, SCHULZE H J, VIDANA I, et al. Neutron stars and the
        nuclear equation of state[J]. Prog. Part. Nucl. Phys., 2021, 120:103879.

[109]   FRIMAN B. Probing the QCD phase diagram with fluctuations[J]. Nucl.
        Phys. A, 2014, 928:198-208.

[110]   HONG D K. An effective field theory of QCD at high density[J]. Phys. Lett.
        B, 2000, 473:118-125.

[111]   HONG D K. High density effective theory of QCD[J]. Prog. Theor. Phys.
        Suppl., 2004, 153:241-258.

[112]   SCHÄFER T. Hard loops, soft loops, and high density effective field theory
        [J]. Nucl. Phys. A, 2003, 728:251-271.

[113]   SCHÄFER T. Effective theory of superfluid quark matter[C]//KIAS-
        APCTP International Symposium in Astro-Hadron Physics: Compact Stars:
        Quest for New States of Dense Matter. [S.l.:s.n.], 2004:330-344.

[114]   SCHÄFER T, SCHWENZER K. Non-Fermi liquid effects in QCD at high

density[J]. Phys. Rev. D, 2004, 70:054007.

[115] NARDULLI G. Effective description of QCD at very high densities[J]. Riv. Nuovo Cim., 2002, 25N3:1-80.

[116] HUANG M, ZHUANG P F, CHAO W Q. Massive quark propagator and competition between chiral and diquark condensate[J]. Phys. Rev. D, 2002, 65:076012.

[117] ANGLANI R, MANNARELLI M, RUGGIERI M. Collective modes in the color flavor locked phase[J]. New J. Phys., 2011, 13:055002.

[118] CASALBUONI R, DE FAZIO F, GATTO R, et al. Massive quark effects in two flavor color superconductors[J]. Phys. Lett. B, 2002, 547:229-238.

[119] RUGGIERI M. High density effective theory results for two and three massive flavors color superconductivity[J]. eConf, 2003, C030614:040.

[120] BODWIN G T, BRAATEN E, LEPAGE G P. Rigorous QCD analysis of inclusive annihilation and production of heavy quarkonium[J]. Phys. Rev. D, 1995, 51:1125-1171.

[121] EICHTEN E, HILL B R. An effective field theory for the calculation of matrix elements involving heavy quarks[J]. Phys. Lett. B, 1990, 234:511-516.

[122] ISGUR N, WISE M B. Weak decays of heavy mesons in the static quark approximation[J]. Phys. Lett. B, 1989, 232:113-117.

[123] GRINSTEIN B. The static quark effective theory[J]. Nucl. Phys. B, 1990, 339:253-268.

[124] GEORGI H. An effective field theory for heavy quarks at low-energies[J]. Phys. Lett. B, 1990, 240:447-450.

[125] ANDERSEN J O, BRAATEN E, STRICKLAND M. Hard thermal loop resummation of the free energy of a hot gluon plasma[J]. Phys. Rev. Lett., 1999, 83:2139-2142.

[126] HAQUE N, BANDYOPADHYAY A, ANDERSEN J O, et al. Three-loop HTLpt thermodynamics at finite temperature and chemical potential[J]. JHEP, 2014, 05:027.

[127] ANDERSEN J O, BRAATEN E, STRICKLAND M. Hard thermal loop resummation of the thermodynamics of a hot gluon plasma[J]. Phys. Rev. D, 2000, 61:014017.

[128] ANDERSEN J O, BRAATEN E, STRICKLAND M. Hard thermal loop resummation of the free energy of a hot quark - gluon plasma[J]. Phys. Rev. D, 2000, 61:074016.

[129] PESHIER A. HTL resummation of the thermodynamic potential[J]. Phys.

Rev. D, 2001, 63:105004.

[130] PESHIER A, SCHERTLER K, THOMA M H. One loop selfenergies at finite temperature[J]. Annals Phys., 1998, 266:162-177.

[131] JIANG Y, LI H, HUANG S S, et al. The equation of state and quark number susceptibility in hard-dense-loop approximation[J]. J. Phys. G, 2010, 37: 105004.

[132] BLAIZOT J P, IANCU E, REBHAN A. Approximately selfconsistent re-summations for the thermodynamics of the quark gluon plasma. 1. Entropy and density[J]. Phys. Rev. D, 2001, 63:065003.

[133] RISCHKE D H. Debye screening and Meissner effect in a two flavor color superconductor[J]. Phys. Rev. D, 2000, 62:034007.

[134] RISCHKE D H. The quark gluon plasma in equilibrium[J]. Prog. Part. Nucl. Phys., 2004, 52:197-296.

[135] PISARSKI R D, RISCHKE D H. Superfluidity in a model of massless fermions coupled to scalar bosons[J]. Phys. Rev. D, 1999, 60:094013.

[136] PISARSKI R D, RISCHKE D H. Color superconductivity in weak coupling [J]. Phys. Rev. D, 2000, 61:074017.

[137] REUTER P T, WANG Q, RISCHKE D H. A general effective action for high-density quark matter[J]. Phys. Rev. D, 2004, 70:114029.

[138] RHO M, SHURYAK E V, WIRZBA A, et al. Generalized mesons in dense QCD[J]. Nucl. Phys. A, 2000, 676:273-310.

[139] KILIAN W, MANNEL T. On the renormalization of heavy quark effective field theory[J]. Phys. Rev. D, 1994, 49:1534-1541.

[140] XU H H, SHEN J, TSAI C H. Ward-Takahashi identity at finite temperature [J]. Commun. Theor. Phys., 1991, 16:257-264.

[141] WELDON H A. Structure of the gluon propagator at finite temperature[J]. Annals Phys., 1999, 271:141-156.

[142] KALASHNIKOV O K, KLIMOV V V. Polarization tensor in QCD for finite temperature and density[J]. Sov. J. Nucl. Phys., 1980, 31:699.

[143] TOIMELA T. The next term in the thermodynamic potential of QCD[J]. Phys. Lett. B, 1983, 124:407-409.

[144] GROSS D J, PISARSKI R D, YAFFE L G. QCD and instantons at finite temperature[J]. Rev. Mod. Phys., 1981, 53:43.

[145] SCHNEIDER R A. The QCD running coupling at finite temperature and density[J]. arXiv: hep-ph/0303104, 2003.

[146] SMEDBACK M. Free energy of ABJM theory[J]. Fortsch. Phys., 2011, 59: 769-774.

[147] ARNOLD P B, ZHAI C X. The three loop free energy for pure gauge QCD [J]. Phys. Rev. D, 1994, 50:7603-7623.

[148] CVETIC G, KOGERLER R. Resummations of free energy at high temperature[J]. Phys. Rev. D, 2002, 66:105009.

[149] TUCHIN K. Particle production in strong electromagnetic fields in relativistic heavy-ion collisions[J]. Adv. High Energy Phys., 2013, 2013:490495.

[150] DING H T, KARSCH F, MUKHERJEE S. Thermodynamics of strong-interaction matter from lattice QCD[J]. Int. J. Mod. Phys. E, 2015, 24(10): 1530007.

[151] SHI S, JIANG Y, LILLESKOV E, et al. Anomalous chiral transport in heavy ion collisions from anomalous-viscous fluid dynamics[J]. Annals Phys., 2018, 394:50-72.

[152] STEINERT T, CASSING W. Electric and magnetic response of hot QCD matter[J]. Phys. Rev. C, 2014, 89(3):035203.

[153] ROY V, PU S, REZZOLLA L, et al. Effect of intense magnetic fields on reduced-MHD evolution in $\sqrt{s_{NN}} = 200$ GeV Au+Au collisions[J]. Phys. Rev. C, 2017, 96(5):054909.

[154] TUCHIN K. Magnetic contribution to dilepton production in heavy-ion collisions[J]. Phys. Rev. C, 2013, 88:024910.

[155] YIN Y. Electrical conductivity of the quark-gluon plasma and soft photon spectrum in heavy-ion collisions[J]. Phys. Rev. C, 2014, 90(4):044903.

[156] PANG L G, ENDRŐDI G, PETERSEN H. Magnetic-field-induced squeezing effect at energies available at the BNL Relativistic Heavy Ion Collider and at the CERN Large Hadron Collider[J]. Phys. Rev. C, 2016, 93(4):044919.

[157] ASTRAKHANTSEV N, BRAGUTA V V, D'ELIA M, et al. Lattice study of the electromagnetic conductivity of the quark-gluon plasma in an external magnetic field[J]. Phys. Rev. D, 2020, 102(5):054516.

[158] TAWFIK A N, MAGDY N. SU(3) Polyakov linear-σ model in an external magnetic field[J]. Phys. Rev. C, 2014, 90(1):015204.

[159] DAVID G. Direct real photons in relativistic heavy ion collisions[J]. Rept. Prog. Phys., 2020, 83(4):046301.

[160] NAM S I, KAO C W. Shear viscosity of quark matter at finite temperature under an external magnetic field[J]. Phys. Rev. D, 2013, 87(11):114003.

[161] ZAKHAROV B G. Effect of magnetic field on the photon radiation from quark-gluon plasma in heavy ion collisions[J]. Eur. Phys. J. C, 2016, 76(11): 609.

[162] STEWART E, TUCHIN K. Magnetic field in expanding quark-gluon plasma

[J]. Phys. Rev. C, 2018, 97(4):044906.

[163] DASH A, SAMANTA S, DEY J, et al. Anisotropic transport properties of a hadron resonance gas in a magnetic field[J]. Phys. Rev. D, 2020, 102(1): 016016.

[164] THAKUR L, SRIVASTAVA P K. Electrical conductivity of a hot and dense QGP medium in a magnetic field[J]. Phys. Rev. D, 2019, 100(7):076016.

[165] AREF'EVA I Y, RANNU K, SLEPOV P. Holographic model for heavy quarks in anisotropic hot dense QGP with external magnetic field[J]. JHEP, 2021, 07:161.

[166] GURSOY U. Improved holographic QCD and the quark-gluon plasma[J]. Acta Phys. Polon. B, 2016, 47:2509.

[167] BAZAVOV A, WEBER J H. Color screening in quantum chromodynamics [J]. Prog. Part. Nucl. Phys., 2021, 116:103823.

[168] SADOOGHI N. Chiral MHD description of a perfect magnetized QGP using the effective NJL model in a strong magnetic field[J]. arXiv: hep-ph/0905.2097, 2009.

[169] SHURYAK E. Lectures on nonperturbative QCD (Nonperturbative topological phenomena in QCD and related theories)[J]. arXiv: hep-ph/1812.01509, 2018.

[170] ZHANG H X, KANG J W, ZHANG B W. Thermoelectric properties of the (an-)isotropic QGP in magnetic fields[J]. Eur. Phys. J. C, 2021, 81(7):623.

[171] AREF'EVA I Y, RANNU K, SLEPOV P. Energy loss in holographic anisotropic model for heavy quarks in external magnetic field[J]. arXiv: hep-ph/2012.05758, 2020.

[172] ABRAMCHUK R A, ANDREICHIKOV M A, KHAIDUKOV Z V, et al. Dense quark–gluon plasma in strong magnetic fields[J]. Eur. Phys. J. C, 2019, 79(12):1040.

[173] BURIKHAM P. Magnetic properties of holographic multiquarks in the quark-gluon plasma[J]. JHEP, 2010, 04:045.

[174] INGHIRAMI G, DEL ZANNA L, BERAUDO A, et al. Magneto-hydrodynamic simulations of heavy ion collisions with ECHO-QGP[J]. J. Phys. Conf. Ser., 2018, 1024(1):012043.

[175] BURIKHAM P. Magnetic phase diagram of dense holographic multiquarks in the quark-gluon plasma[J]. JHEP, 2011, 05:121.

[176] AREF'EVA I Y, ERMAKOV A, SLEPOV P. Direct photons emission rate and electric conductivity in twice anisotropic QGP holographic model with first-order phase transition[J]. Eur. Phys. J. C, 2022, 82(1):85.

[177] GOWTHAMA K K, KURIAN M, CHANDRA V. Response of a weakly magnetized hot QCD medium to an inhomogeneous electric field[J]. Phys. Rev. D, 2021, 103(7):074017.

[178] DAS S K, SCARDINA F, PLUMARI S, et al. Heavy quark dynamics in QCD matter[J]. J. Phys. Conf. Ser., 2017, 779(1):012031.

[179] BUCHEL A, UMBERT B. QGP universality in a magnetic field?[J]. JHEP, 2020, 06:149.

[180] ÁVILA D, MONROY T, NETTEL F, et al. Emission of linearly polarized photons in a strongly coupled magnetized plasma from the gauge/gravity correspondence[J]. Phys. Lett. B, 2021, 817:136287.

[181] CRITELLI R A J. Strongly coupled non-Abelian plasmas in a magnetic field [D]. Brazil: University of São Paulo, 2016.

[182] ROY V. Enhancement of elliptic flow of π^- under intense magnetic field in $\sqrt{s_{NN}}$ = 200 GeV Au+Au collisions: A $(2 + 1)$-dimensional reduced-MHD model study[J]. Universe, 2017, 3(4):82.

[183] RODRíGUEZ A R. The CBM silicon tracking system front-end electronics: From bare ASIC to detector characterization, commissioning and performance[D]. Frankfurt: Frankfurt U., 2020.

[184] GREIF M. Electromagnetic probes in heavy-ion collisions[D]. Frankfurt: Frankfurt U., 2018.

[185] RUCCI A. Heavy quark interactions in extreme conditions[D]. Pisa: Pisa U., 2019.

[186] BANDYOPADHYAY A. Non-perturbative study of spectral function and its application in quark gluon plasma[D]. India: SINP, 2017.

[187] HADDAD L H. Superconductivity and quantum phase transitions in dense QCD_3[J]. arXiv: hep-ph/1805.05870, 2018.

[188] GEZHAGN T, CHAUBEY A K. Electromagnetic field evolution in relativistic heavy ion collision and its effect on flow of particles[J]. Front. in Phys., 2022, 9:791108.

[189] SCHWINGER J S. On gauge invariance and vacuum polarization[J]. Phys. Rev., 1951, 82:664-679.

[190] FENG B, FERRER E J, PORTILLO I. Lack of Debye and Meissner screening in strongly magnetized quark matter at intermediate densities[J]. Phys. Rev. D, 2020, 101(5):056012.

[191] WARD J C. An identity in quantum electrodynamics[J]. Phys. Rev., 1950, 78:182.

[192] TAKAHASHI Y. On the generalized Ward identity[J]. Nuovo Cim., 1957,

6:371.

[193] TSAI W Y. Vacuum polarization in homogeneous magnetic fields[J]. Phys. Rev. D, 1974, 10:2699.

[194] HASAN M, CHATTERJEE B, PATRA B K. Heavy quark potential in a static and strong homogeneous magnetic field[J]. Eur. Phys. J. C, 2017, 77 (11):767.

[195] CHYI T K, HWANG C W, KAO W F, et al. The weak field expansion for processes in a homogeneous background magnetic field[J]. Phys. Rev. D, 2000, 62:105014.

在学期间完成的相关学术成果

学 术 论 文

[1] **Guojun Huang**, Pengfei Zhuang. Quark-quark-gluon vertex for heavy quarks up to order $1/m^5$[J]. Phys.Rev.D **102**, no.1, 014034 (2020). (SCI 收录, WOS: 000550579800004，影响因子：5.296)

[2] **Guojun Huang**, Jiaxing Zhao, Pengfei Zhuang. Pair structure of heavy tetraquark systems[J]. Phys.Rev.D **103**, no.5, 054014 (2021). (SCI 收录, WOS:000648528200006，影响因子：5.296)

[3] **Guojun Huang**, Pengfei Zhuang. Treating divergence in quark matter by using energy projectors[J]. Phys.Rev.D **104**, no.7, 074001 (2021). (SCI 收录, WOS:000704607900001，影响因子：5.296)

致　谢

在本书的最后，我想对博士研究生期间所有给我带来帮助的老师、同学以及在背后支持着我的家人们表示感谢。

博士研究生的前两年是比较迷茫的。需要知识的累积、寻找科研的诀窍，还会受到来自优秀同龄人的压力。在此期间，我选修了樊富珉老师的《成功心理学》课程，并在课上结识了很多善良的小伙伴。在一学期的课程中，和小伙伴们互相倾诉、互相帮助，感谢来自高年级计算机系的学姐以过来人的眼光为我解开了心结，告诉我迷茫是研究生都要经历的一个过程。也正是在这一时期，我来到了庄鹏飞老师组，庄老师以其渊博的物理学知识和丰富的研究生培养经验，为迷茫的我指明了前进的道路，沿着这条路，我的科研之路也渐渐明朗起来。我一直认为，来到庄老师组，是博士研究生期间我做的最明智的决定。庄老师不仅专业知识过硬、热衷科研，还为人谦和、宽容，能专注于科研问题本身，平等、平和地与学生进行交流、讨论，他不仅是我科研的引路人，还是我为人的榜样。还要感谢组里的肖志刚老师、徐喆老师、何联毅老师，以及撰写论文过程中给我提供了很多帮助的王梓岳师姐、一起合作科研的赵佳星师兄，还有其他师兄、师弟、师妹在平时科研及生活中的帮助。

还需要感谢生我养我爱我、一直站在我身后默默支持着我的父亲、母亲，以及大学以来就一直在帮助我的姐姐、姐夫。最后，还要特别感谢爱我、陪伴我、理解我的未婚妻，在科研受挫时给予我支持、在开心时分享我的喜悦；在你的陪伴中，科研道路上的任何问题与挫折都变得无关紧要。